HANS HELMREICH

Zoos in Bayern

Erholung. Wissen. Artenschutz

Allitera Verlag

Originalauflage Mai 2024
Allitera Verlag
Ein Verlag der Buch&media GmbH, München

Lektorat: Dietlind Pedarnig
Layout, Satz und Umschlaggestaltung: Johanna Conrad
Gesetzt aus der Gill Sans Nova und der Josefin Sans
Umschlagvorderseite: Sibirischer Tiger im Tiergarten Nürnberg
© Tom Burger
Printed in Europe · ISBN 978-3-96233-433-8

Allitera Verlag
Merianstraße 24 · 80637 München
Fon 089 13 92 90 46 · Fax 089 13 92 90 65

Weitere Publikationen aus unserem Programm finden Sie auf www.allitera.de
Kontakt und Bestellungen unter info@allitera.de

INHALT

BRAUCHEN WIR NOCH ZOOS?

Moderne Zoos – vom Tierpark zum Naturschutzzentrum. Eine persönliche Vorbemerkung

Die Milch kam frisch von der Kuh. Während meine Mutter noch mit der Stallarbeit beschäftigt war, machte ich mir meinen Frühstückskakao selbst. Die Milch dazu hatte sie mir in einer Kanne schon gebracht. Ich musste sie nur noch kochen. Der Umgang mit Tieren und tierischen Produkten war für mich als Kind etwas Selbstverständliches. Und genauso selbstverständlich war es, dass Tiere sterben. Entweder wegen ihres Alters (Hunde, Katzen, Meerschweinchen) oder weil sie geschlachtet wurden (Kühe, Schweine). Die einen wurden angemessen betrauert, die anderen kamen in Gestalt von Fleisch und Wurst wieder auf den Tisch. Das war Alltag.

Etwas ganz Besonderes war es, wenn wir einmal im Jahr in den Zoo gingen. Dieser einzigartige Geruch im Raubtierhaus. Die Gefahr, die man dabei zu spüren glaubte. Elefanten, Nilpferde, Nashörner – das war eine andere Kategorie von Tieren. Sie haben mich zutiefst fasziniert und beschäftigt. »Brehms Tierleben« und viele, viele andere Tierbücher lieferten mir die geistige Nahrung, um mich weiter mit ihnen zu befassen. In meiner Fantasie organisierte ich Expeditionen in ferne Länder. Dann kam das Fernsehen dazu mit Bernhard Grzimeks »Ein Platz für Tiere« und Heinz Sielmanns »Expeditionen ins Tierreich«. Das Beste blieb aber immer das direkte Erlebnis im Tierpark. Das war eine unreflektierte, naive Freude. Das Thema Artenschutz war mir damals noch nicht begegnet.

Später im Studium und den ersten Jahren im Beruf wurden die Zoobesuche seltener. Andere Themen waren wichtiger. Erst mit der Geburt der Kinder ging es wieder los. Wenn sich meine Frau eine kleine Auszeit nahm, war ich mit Kinderwagen und Wickelausrüstung sofort im Zoo. Eine Win-Win-Situation.

Rund 20 Jahre später arbeitete unsere Tochter in den Semesterferien für ein Artenschutzprojekt in Südafrika. Völlig begeistert animierte sie mich, mit ihr eine Safari im Krügerpark zu machen. Das war der Beginn einer neuen Dimension von Tiererfahrung. In den folgenden Jahren zog es mich dann immer wieder in unterschiedliche Länder des südlichen Afrikas, immer auf der Suche nach Erlebnissen mit wilden Tieren in ihrer natürlichen Umgebung. Neben unvergesslichen Eindrücken musste ich im Lauf der Jahre aber erkennen, dass Wildnis und Freiheit inzwischen auch dort relative Begriffe geworden sind. Selbst die größten Nationalparks haben Grenzen. Wenn dann bestimmte Tierarten eine Populationsstärke erreicht haben, die zu groß ist, um innerhalb dieser Grenzen ausreichend Nahrung zu finden, greifen Menschen meist regulierend ein. Tiermanagement ist ein alltäglicher Begriff in Wildreservaten. Konkret gibt es dabei drei grundsätzliche Alternativen. Erstens: Überzählige Tiere werden, wenn möglich, in andere Reservate umgesiedelt. Zweitens: Der Bestand wird mit gezielten Abschussaktionen reduziert. Oder drittens: Man greift doch nicht ein und nimmt in Kauf, dass Tiere verhungern oder ausbrechen und dann in Konflikt mit Siedlern außerhalb ihres Wildreservats kommen. Zwar wird versucht, private und staatliche Parks sogar über Ländergrenzen hinweg zu vernetzen, traditionelle Migrationsrouten wieder zu öffnen. Aber der Weg dahin ist schwierig und kann nicht nur zulasten der Menschen gehen, die genauso das Recht auf ihren Lebensraum beanspruchen.

Die stark zunehmende Zahl an Safaritouristen bringt Geld ins Land, schafft vielfältige Jobs und stärkt damit den Schutz und das Überleben vieler Tierarten. Aber wie überall im Tourismus führt die Masse nicht überall zu mehr Qualität. Die Ranger und Wildhüter selbst reden längst von ihrer »Industrie«, für die sie arbeiten. Immer öfter werden die gut zahlenden Gäste hektisch durch die Parks gefahren, damit sie möglichst an ein bis zwei Tagen alle Exemplare der sogenannten Big Five (Elefant, Nashorn, Büffel, Löwe und Leopard) zu sehen bekommen. Dass dabei sehr viel Interessantes und vielleicht sogar Spannenderes unbeachtet bleibt, wird billigend in Kauf genommen. Am liebsten waren mir schließlich die »Walking Safaris«, bei denen man in ganz kleinen Gruppen mit Wildhütern zu Fuß unterwegs ist. Dabei kommt man zwar seltener in direkte Nähe großer Wildtiere, weil die einen im Zweifel für Jäger halten und Abstand wahren. Dafür gibt es aber ein viel unmittelbareres Erlebnis der gesamten Natur um einen herum und optimale Möglichkeiten, die Lebenszusammenhänge dieser Ökosysteme zu verstehen.

Breitmaulnashörner im Etosha-Nationalpark in Namibia

Zurück zu den Zoos. Kann ein Tierpark nach wie vor begeistern, wenn man das Löwenrudel bei der Pirsch und die Elefantenherde beim Trinken in der Abendsonne gesehen hat? Müssen Elefant und Löwe in ihren begrenzten Gehegen, umgeben von Kindergeschrei, nicht bemitleidet werden? Ich bin wieder in Zoos gegangen, habe mir diese Fragen gestellt und war erstaunt, dass die Tierparks trotz meiner Erfahrungen kaum etwas von ihrer positiven Wirkung auf mich verloren hatten. Lag das nur an mir, meiner spezifischen Wahrnehmung und meiner Sicht auf die Welt? Oder belegen über 40 Millionen jährliche Zoobesuche in Deutschland, dass Tierparks sowohl Spaß machen als auch nach wie vor einen wichtigen gesellschaftlichen Zweck erfüllen? Braucht es die Zoos überhaupt noch, wenn es ständig neue Tierdokus mit immer spektakuläreren Aufnahmen gibt? Wäre es nicht sinnvoller, die Etats der Zoos in die Verbesserung der Lebensräume in den Herkunftsländern der Tiere zu investieren? Sind Zoos für den Artenschutz wirklich unverzichtbar? Die Suche nach einer Antwort auf diese und viele weitere Fragen war der Anlass für die Recherchen zu diesem Buch.

Fünf wissenschaftlich geführte Zoos in Bayern, von Nord nach Süd, von klein bis groß, habe ich im Lauf eines Jahres mehrfach besucht. Mitarbeitern und Verantwortlichen habe ich Fragen gestellt und sie mit den Positionen von Zookritikern konfrontiert. Von der Direktorin bis zum Tierpfleger, vom Zoologen bis zur Pädagogin bin ich dabei auf große Offenheit gestoßen. Der gesellschaftliche Dialog wird als wichtige Aufgabe gesehen. Moderne Zoos sind heute längst nicht mehr nur Ausstellungen von exotischen Tieren mit angegliederten Spielplätzen. Eingebunden in ein weltweites Netzwerk bauen sie einen Genpool für immer mehr bedrohte Tierarten auf und sichern deren Überleben. Nicht mehr die Tiere allein, sondern die vielfältigen Zusammenhänge des Lebens, die Biodiversität, rücken in den Mittelpunkt. Tierparks entwickeln sich zu Naturschutzzentren, in denen wissenschaftliche Arbeit ebenso gepflegt wird wie Wissensvermittlung auf unterschiedlichsten Ebenen. Die Forschungsergebnisse fließen zurück in die Optimierung der Tierhaltung, in den Zoos ebenso wie bei Projekten in den Herkunftsländern. Nicht nur exotische Welten, sondern ganz grundsätzliche Fragen zu natürlichen Zusammenhängen in unserem Alltag werden angesprochen. Von welchen Ressourcen leben wir? Wie ernähren wir uns? Wie hängt unser Leben mit dem von Pflanzen und Tieren zusammen? Man kann sich in Zoos nach wie vor eine schlichte Auszeit vom Tagesgeschäft gönnen, Tiere entdecken und beobachten, die Natur genießen. Aber wer mehr will, kann Zoos heute zunehmend als breit angelegte Zentren für Umwelt- und Naturschutz erleben.

Dieser Text begann mit der Milch von der Kuh. Das war eine klare, erlebbare Verbindung. Heute gibt es das so gut wie nicht mehr. Welcher Stadtmensch hat in den letzten Jahren eine Kuh gesehen und sie vielleicht sogar angefasst? Mehr-

fach habe ich erlebt, wie Kinder beim Zoobesuch ihre Eltern fragen: »Ist das wirklich echt?« Die Chance einer Begegnung mit »echten« Tieren ist ebenso selten wie wertvoll geworden. Darüber hinaus haben viele von uns heute kaum noch eine Ahnung davon, wie das, was wir essen und trinken, konkret entsteht und welche Wechselwirkungen damit zusammenhängen. Was hat die Tomate, die wir im Winter kaufen, mit der Tierwelt in Spanien zu tun? In modernen Zoos kann man auch darüber etwas erfahren.

Im Zoo Augsburg kann man Breitmaulnashörner auch naturnah erleben.

Folgen Sie mir in diesem Buch in die höchst unterschiedlichen Zoos von Hof, Nürnberg, Straubing, Augsburg und München. Treffen Sie mit mir neben vielen Tieren vor allem auch Menschen in unterschiedlichsten Funktionen und Berufen. Lassen Sie sich ein auf einen Besuch bei Fachleuten, die sich mit ausgewiesener Expertise und außerordentlichem Engagement darum kümmern, dass es den Tieren in ihrer Obhut so gut geht wie nur irgend möglich. Sie stehen für moderne Zoos, in denen Erholung, Wissenserwerb und Wissensvermittlung gleichberechtigt neben der großen Aufgabe des Artenschutzes stehen.

Hans Helmreich
München, Februar 2024

Seit wann gibt es Zoos?

Die Präsentation exotischer ebenso wie einheimischer Tiere hat eine jahrtausendealte Tradition. Der älteste bekannte Tierpark am Hof eines chinesischen Kaisers wird auf etwa 2000 v. Chr. datiert. Der persische König Darius hatte einen Löwenzwinger und der Azteke Montezuma soll mehrere 100 Tierpfleger beschäftigt haben, um seine große Sammlung von Reptilien und Vögeln gut zu versorgen. Im antiken Ägypten und Rom wurden exotische Tiere vor allem zur Unterstreichung der eigenen Macht gehalten und ausgestellt. Aber auch damals gab es schon so etwas wie eine Unterhaltungsindustrie. Tausende von Raubtieren wurden in den Arenen für Schaukämpfe mit Gladiatoren oder zur Hinrichtung Gefangener gehalten und schlichtweg »verbraucht«. Im Mittelalter wurde es in Europa Mode, Burggräben mit Tieren zu bestücken. Mal waren es Bären, deren Anblick man von oben schaudernd genießen konnte, mal war es heimisches Wild, dessen Anblick erbauen sollte und das die Adligen bei Bedarf auch bequem jagen konnten.

Jean-François Daumont: Blick auf die königliche Menagerie Ludwig XIV. im Schlosspark von Versailles, o.J.

Im 17. Jahrhundert ließen sich absolutistische Herrscher wie Ludwig XIV. prunkvolle sogenannte Menagerien bauen. Tiere aus der ganzen Welt waren hier zu sehen. Das waren großzügige Parkanlagen mit einem prächtigen Bau in der Mitte. Besucher sollten damit beeindruckt werden. Gleichzeitig zogen sie aber auch Wissenschaftler an ebenso wie Maler und Bildhauer. Nach solchen Vorbildern entstand unter Maria-Theresia von Österreich die Anlage in Wien-Schönbrunn. Der einzige Zoo, der heute noch am gleichen Ort existiert wie sein damals berühmter Vorläufer.

Nach der Französischen Revolution wandelte sich der Charakter der Menagerien. Statt Repräsentation trat nun der Bildungscharakter stärker in den Vordergrund. Die Königliche Menagerie von König Friedrich I. von Württemberg wurde zum Beispiel so gewürdigt: Sie sei wohl in der Lage gewesen, »der Einwohnerschaft Stuttgarts und den Besuchern der Stadt, namentlich auch der Jugend, naturwissenschaftlichen Anschauungsunterricht zu vermitteln und gleichzeitig unterhaltende Zerstreuung zu gewähren«[1]. Artenschutz war damals noch kein Thema.

Im 19. Jahrhundert löste der Begriff des Zoologischen Gartens die Bezeichnung Menagerie ab. Darin drückte sich der Anspruch aus, Tiere nicht einfach nur auszustellen, sondern das ernsthafte Interesse, ihr Verhalten und ihre Lebensweise zu erforschen und praktische Erfahrung bei der Haltung zu sammeln. Es bildeten sich Zoologische Gesellschaften, die teilweise auch den Betrieb der Anlagen übernahmen.

Der Erfolg beim Publikum führte aber auch dazu, dass Händler oder Gastronomen ein neues Geschäftsfeld für sich entdeckten und private Menagerien und Zoos gründeten. Manche orientierten sich dabei am fortschrittlichen Bild eines schönen Tiergartens, andere konzentrierten sich ganz auf die oberflächliche Wirkung und präsentierten in Käfigen und engen Gehegen möglichst gefährliche und spektakulär wirkende Tiere. Manche dieser »neuen« Menagerien hatten gar keinen festen Standort und zogen wie ein Wanderzirkus von Stadt zu Stadt. Tierwohl war bei solchen Unternehmungen noch kein Begriff, über den ernsthaft nachgedacht wurde.

Ein besonders trauriges Kapitel der Zoogeschichte stellen die sogenannten Völkerschauen dar, die zwischen 1870 und 1940 in Europa sehr beliebt waren. Dabei wurden Menschengruppen aus fernen Ländern meist als primitive Wilde auf Volksfesten oder in Zoos zur Schau gestellt. Die Überlegenheit der Europäer sollte auf der Basis damaliger Rassentheorien belegt und in der Bevölkerung für Sinn und Nutzen der Kolonialisierung geworben werden.

Der erste öffentliche Zoo in München war eine private Investition des Bankiers und Großhändlers Benedikt. Am Englischen Garten hatte er ein Grundstück mit Schlösschen erworben. Ein schöner Landschaftsgarten wurde ergänzt mit Tierhäusern, Ge-

1 Eva Walter: Kleine Kulturgeschichte des Zoologischen Gartens, in: Exotische Welten. Europäische Phantasien, Katalog zur Ausstellung 1987 in Stuttgart, Stuttgart 1987

hegen und Volieren. Zu sehen waren Raubtiere, Affen, Kamele und Vögel. Es gab sogar einen von einem Wissenschaftler formulierten Zooführer. Unterschätzt hatte Benedikt allerdings die Kosten einer solchen anspruchsvollen Unternehmung. Die Eintrittsgelder reichten nicht ansatzweise aus, um den Betrieb zu finanzieren. Der erste Münchner Zoo existierte deshalb nur drei Jahre, von 1863 bis 1866. Bis zur Gründung des Tierparks Hellabrunn sollten noch 45 Jahre vergehen.

Erfolgreicher war da der Hamburger Tierhändler Carl Hagenbeck. Mit den Erträgen und Erfahrungen eines regelrechten Handelsimperiums für exotische Tiere und einem eigenen Zirkus hatte er sowohl die finanziellen Mittel als auch den Weitblick, eine ganz neue Art der Präsentation von Tieren zu entwickeln. 1907 eröffnete er bei Hamburg den sogenannten Tierpark Hagenbeck. Das Besondere daran war, dass man die Tiere möglichst natürlich erleben sollte. Keine störenden Gitter oder Zäune, dafür freie Blicke auf ganze Tiergruppen, wie sie auch in freier Natur zusammenleben würden. Diesen Effekt erzielte er, indem die Landschaften, aus denen die Tiere stammten, nachgeahmt und die Begrenzungen durch Gräben oder Wasserläufe erzeugt wurden. Seine Vision war es, »ein Tierparadies zu schaffen, das Tiere aus allen Ländern und Zonen, entsprechend ihrer Lebensbedingungen, ohne Gitter und Zäune, scheinbar in voller Freiheit zeigt«[2]. Dem Publikum gefiel dieses neue Konzept und als die ersten großen Zoos in Bayern gegründet wurden, orientierten sie sich sowohl im Konzept als auch in der Namengebung an Hagenbeck: 1911 eröffnete der Tierpark Hellabrunn und 1912 der Nürnberger Tiergarten. Straubing und Augsburg kamen 1937 dazu und Hof erst 1954.

Die verschiedenen Formen des Umgangs mit Tieren und deren Präsentation in Tierschauen, Menagerien, Parks und Zoos von der Antike bis heute sind keine stringente, zielgerichtete Entwicklung. Die Zoos waren und sind immer Spiegelbild ihrer Zeit und der jeweiligen gesellschaftlichen Werte. Aber zu allen Zeiten üben vor allem exotische Tiere eine große Faszination auf die Menschen aus. Dieses zunächst vordergründige Interesse führt aber auch zur Erforschung und wissenschaftlichen Auseinandersetzung mit der Tierwelt. Natürlich dienen die Zoos von heute wie schon zu früheren Zeiten auch der Erholung und Unterhaltung. Der Forschungsauftrag und der Bildungsgedanke sind aber zu einem zentralen Auftrag geworden und der Artenschutz seit einigen Jahrzehnten als immer bedeutendere Aufgabe dazugekommen. Diese vier Säulen machen die Zoologischen Gärten zu wichtigen Institutionen unserer heutigen Gesellschaft.

2 Zedelmaier, Kamp: Hellabrunn – Geschichte und Geschichten des Münchner Tierparks, München 2011, S. 34

»Fremde Thiere«,
Illustration aus
dem »Bilderbuch
für kleine Leute,
die die Welt noch
nicht kennen«,
1822

Artenschutzprogramme und ihre Bedeutung

Im Folgenden wird immer wieder von Initiativen und Programmen die Rede sein, die dem Artenschutz dienen. Deshalb hier vorweg eine kurze Erklärung der wichtigsten Begriffe (Erklärung weiterer Abkürzungen im Anhang, S. 198).

Die Arabische Oryxantilope (auch Weißer Oryx oder Säbelantilope genannt) war ursprünglich auf der arabischen Halbinsel, dem Sinai und in Mesopotamien weit verbreitet. 1972 war sie in der Natur komplett ausgerottet. Ihr Leder, ihr Fleisch und schlicht die Lust der Menschen am »Abknallen« wurden ihr zum Verhängnis. Nur durch die Initiative zweier amerikanischer Zoos schon Ende der 1960er-Jahre konnte aus neun Exemplaren eine sogenannte Weltherde gebildet werden, die den Grundstock für ein Zuchtprogramm in weltweiter Kooperation bildete. Jahrzehnte später konnten Arabische Oryx wieder in verschiedenen Ländern (Oman, Jordanien, Saudi-Arabien und anderen) ausgewildert werden.

Die **Europäischen Erhaltungszuchtprogramme** (EEP, European Endangered Species Program) dienen seit Jahrzehnten dazu, analog zur Arabischen Oryxantilope, bedrohte Arten weltweit vor der Ausrottung zu schützen und ihren Genpool zu sichern. Wo immer möglich ist auch die Rückführung dieser Tierarten in die Natur beabsichtigt. Durch den drastischen Rückgang entsprechender Lebensräume ist dies aber oft nicht möglich. Vor der kompletten Ausrottung gerettet werden konnten zum Beispiel der Davidshirsch, der Wisent und das Przewalski-Urwildpferd.

Für jede Tierart, für die ein solches Programm aufgesetzt wird, gibt es einen Koordinator mit intensivem Spezialwissen über die Art. Auf der Basis eines Zuchtbuches und unter Einbeziehung eines Expertenteams aus Biologen und Tierärzten soll der Erhalt einer gesunden Population gesichert werden. Daraus ergeben sich Empfehlungen, welche Tiere in welchem Zoo jeweils zur Zucht gehalten werden. Die Zoos sind dabei nicht mehr die Besitzer der Tiere, sondern stellen sich in den Dienst des Programms. Das heißt, die Tiere werden jeweils kostenlos abgegeben oder übernommen. Die Koordinatoren tragen auch Verantwortung für die Qualität der Tierhaltung in den am Programm teilnehmenden Zoos.

Eine Vorstufe zum EEP ist das **Europäische Zuchtbuch** (ESB, European Stud Book). Der für eine Art Verantwortliche sammelt sämtliche Geburtsdaten, Geschlechter, Standorte, Transfers und Todesdaten. Diese Daten geben die Möglichkeit, sich einen Überblick über die Population zu verschaffen, deren weitere Entwicklung abzuschätzen und auf Stammbaumdaten aller Tiere zuzugreifen. Dies ist eine wichtige Grundlage dafür, Jungtiere zu vermitteln, neue Gruppen zusammenzustellen sowie Ratschläge und Anleitungen für die optimale Verwaltung der Population zu erteilen.

Przewalski-Pferde im Tierpark Hellabrunn

Die Artenschutzprogramme EEP und ESB werden im Rahmen des Europäischen Zoo- und Aquarienverbands (EAZA, European Association of Zoos and Aquariums) geführt.

Auf weltweiter Ebene und mit den EEPs oft vernetzt gibt es die **Internationalen Zuchtbücher** (ISB, International Stud Book), die vom Weltverband der Zoos und Aquarien (WAZA, The World Association of Zoos and Aquariums) geführt werden.

ESBs, EEPs und ISPs bezeichnet man als **Ex-situ-Programme**, da sie außerhalb des Verbreitungsgebiets der jeweiligen Tierart durchgeführt werden. **In-situ-Programme** sind dagegen Artenschutzprojekte im Freiland, bei denen Tiere direkt in ihrem Verbreitungsgebiet gehalten und gezüchtet werden. Viele Zoos unterstützen solche Projekte finanziell.

Citizen Conservation ist eine relativ junge Organisation, die den Kampf gegen das Artensterben als gesamtgesellschaftliche Aufgabe sieht. Mit einem Netzwerk aus hauptberuflichen und privaten Tierhaltern initiiert sie wissenschaftlich gemanagte Erhaltungszuchtprogramme für bedrohte Tierarten. Träger des Programms sind Frogs & Friends e. V., der Verband der Zoologischen Gärten e. V. und die Deutsche Gesellschaft für Herpetologie und Terrarienkunde e. V.

In einer ersten Pilotphase konzentriert sich Citizen Conservation seit 2018 auf Amphibien, die besonders stark vom Aussterben bedroht sind, die aber bei Weitem nicht so viel öffentliche Aufmerksamkeit erfahren wie andere gefährdete Tierarten. Citizen Conservation wendet sich an alle, die sich für den Artenschutz engagieren wollen, an erfahrene Tierhalter ebenso wie an Einsteiger, die mit der Zucht weniger anspruchsvoller Arten starten wollen.

ZOOLOGISCHER GARTEN HOF

Steckbrief Zoo Hof

Gegründet: 1954
Inhaber: Zoologische Gesellschaft Hochfranken 1907 e. V.
Fläche: 2 Hektar (entspricht 3 Fußballfeldern)
Tierbestand in Zahlen: 123 Arten
Charakter: landschaftlich reizvoll gelegener Familienzoo beim Botanischen Garten
Besondere Tierarten: Kronenkranich, Coburger Fuchsschaf, Rentier
Artenschutzprojekte: Madegassischer Ährenfisch mit Citizen Conservation, Nutztierrassenprojekt Coburger Fuchs mit VdZ und Bayerischer Herdbuchverband
Bildungsangebote: Zooschule, Führungen, Vorträge, Erklärungen an den Gehegen, Ausgrabungsstätte »Ausgestorbene Tierarten«
Beschilderung: deutsch, tschechisch
Besondere Events: Osterfest, Sommerfest, Herbstfest u. a.
Gastronomie: zentrales Café
Besuchereinrichtungen: 4 Toiletten, 1 Wickelraum
Spielplätze: Abenteuerspielplatz mit Riesenrutsche, Wasserspielplatz
Inklusion: barrierefreier Zoo, Erklärschilder über QR-Code als Audio
Infomaterial: Zooplan, Broschüre Botanischer Garten, Broschüre Theresienstein
Shop: Zooshop am Eingang und in der Hofer Altstadt
Hunde: freitags ist Hundetag, Hunde an der Leine
Organisierte Förderer: Förderverein Zoologischer Garten Hof
Mitgliedschaften: Citizen Conservation, DTG, ZGAP, VDA, BAG Kleinsäuger, Species360
Adresse: Zoo Hof, Alte Plauener Straße 40, 95028 Hof
Tel.: 09281/85429
E-Mail: info@zoo-hof.de
Website/Social Media: www.zoo-hof.de
Facebook, Instagram

Zoologischer Garten Hof – damals und heute

Am Anfang waren die Flöhe, genauer gesagt die Wasserflöhe. Die haben gar nichts zu tun mit den stechenden Insekten, sondern es sind vielmehr Kleinkrebse. Sie heißen nur Flöhe, weil sie sehr klein sind und sich im Wasser hüpfend fortbewegen. Sie lassen sich leicht züchten und sind ideales Futter für Aquarienfische. Deshalb legte der damalige Verein für Aquarien-, Terrarien- und volkstümliche Naturkunde 1907 e.V. im Jahr 1954 kleine Teiche im Bürgerpark Theresienstein an, um günstiges Fischfutter zu erzeugen. Drumherum entstanden erste kleine Tiergehege als Auffangstation für verletzte Wildtiere, einen Esel und einige Zwergziegen. Später kam ein Aquarienhaus dazu.

Der Bürgerpark Theresienstein war und ist ein beliebtes Naherholungsgebiet am Rande von Hof. Der Name geht auf einen Besuch von Königin Therese (Namenspatronin auch der Münchner Theresienwiese), der Frau von König Ludwig I. von Bayern zurück. Auf einer Fläche von 70 Hektar findet man hier schöne Wanderwege durch einen gepflegten Landschaftsgarten mit zahlreichen historischen Bauwerken.

Für die Spaziergänger wurden die Tiere und Aquarien bald ein weiterer

Bürgerpark Theresienstein in Hof, angelegt 1819 auf einer bis dahin kahlen Felsenerhebung

Anziehungspunkt, der zum Bau eines Cafés führte, das auch heute noch im Zentrum des Zoos steht. Die Landesgartenschau 1994 gab dem Zoo einen erheblichen Entwicklungsschub. Seine Fläche konnte auf 2 Hektar verdoppelt werden und bildete den Haupteingang zur Gartenschau. Zahlreiche Gehege, eine Freiflugvoliere und ein Tropenhaus, das heutige Savannenhaus, wurden damals errichtet. Aus dem Kleinzoo entwickelte sich der Zoologische Garten Hof.

Auch wenn die Stadt Hof den Zoo seit Mitte der 1980er-Jahre regelmäßig finanziell unterstützt, bleibt der inzwischen neu organisierte Verein Zoologische Gesellschaft Hochfranken 1907 e. V. der alleinige Träger. Einige Gebäude und Gehege, die vor 30 Jahren errichtet wurden, sind renovierungsbedürftig. Der Tierbestand wurde nicht immer schlüssig weiterentwickelt. Mit David Pruß konnte 2021 ein neuer Leiter gewonnen werden, der den Zoo in Kooperation mit dem benachbarten Botanischen Garten zu einem »einzigartigen Naturschutzzentrum«[1] um- und ausbauen will.

Frischer Wind in Hof – David Pruß, Direktor

»Ich bin hier der Vorturner«, sagt David Pruß, seit zwei Jahren Direktor des Zoos in Hof. Mit seinen 29 Jahren nimmt man ihm, dem jüngsten Zoodirektor Deutschlands, die Fitness für einen Felgaufschwung problemlos ab. Aber er meint das ganz anders. »Ich bin Zooleitung, Geschäftsleitung, Tierarzt, Marketing, Buchhaltung, Personalwesen, Landschaftsplanung und rund 70 Stunden die Woche hier.«

David Pruß stammt aus dem Rheinland und sein Leben war von Kindheit an mit Tieren verbunden. »Ein Albtraum für meine Eltern mit exzessiver Kleintierhaltung. Mäuse, Hamster, Ratten und das dann ordentlich.« Mit sechs macht er sein erstes Praktikum beim Tierarzt, mit 16 erwirbt er den Jagdschein und setzt gleich noch einen Falknerschein drauf. Danach dann Studium der Tiermedizin in Hannover. Ein längeres Praktikum führt ihn nach Thailand. Eine Erfahrung, die seine Vorstellung von wildlebenden Tieren in exotischen Ländern stark beeinflusst hat. Er unterstützt Auswilderungsprojekte, wo immer das möglich ist, und Artenschutzprojekte sollen in Hof künftig viel wichtiger werden als bisher. Aber in Thailand hat er erlebt, dass der Wunsch nach Auswilderung bedrohter Tierarten oft nicht realisierbar ist, weil die dafür notwendigen naturbelassenen Flächen gar nicht mehr zur Verfügung ste-

1 »Wegweiser zu einem einzigartigen Naturschutzzentrum« lautete die Überschrift einer gemeinsamen Vorlage für den Hofer Stadtrat.

hen. »Da gibts Nationalparks, die sind übervoll mit Elefanten. Da drum gibts Bauern mit Feldern, das sind deren Obstplantagen und die müssen davon leben. Und wenn da der Elefant halt durchtrampelt, dann verhungert der Bauer, weils da kein Sozialsystem gibt. Weil die Leute immer sagen, artgerecht ist nur die Freiheit, aber die gibts in vielen Bereichen nicht mehr.«

Ein vieldiskutiertes aktuelles Beispiel für den Konflikt zwischen Mensch und Tier in Naturschutzgebieten ist das Vorhaben der Regierung von Tansania, rund 90000 Massai umzusiedeln, damit die Tiere in der Nähe des berühmten Ngorongoro-Kraters und der dazugehörige Tourismus nicht gestört werden. Schon Bernhard Grzimek hatte dafür gesorgt, dass bei der Gründung des Serengeti-Nationalparks die Massai ausgeschlossen wurden. Dabei leben diese traditionellen Viehhirten seit mehreren 100 Jahren dort. Kann man das Recht dieser Menschen so rigoros beschneiden, auch wenn es um den Lebensbereich bedrohter Tiere geht? David Pruß setzt das in direkten Bezug zur Befindlichkeit der Menschen in Deutschland, wenn es um den Konflikt mit Wildtieren geht. »Man sieht das ganz gut bei uns mit dem Wolf. Irgendwie müssen wir unsere Wolfspopulation managen, wir haben keine Natur mehr, wir haben nur noch Kulturlandschaft. Wenn ich als Deutscher schon sage, ich möchte hier keinen Wolf, aber dem Thailänder sage, du musst die 60-köpfige Elefantenherde über deine Felder ziehen lassen, dann muss ich mich aber ganz toll an meine eigene Nase fassen.« Auch in Deutschland sind Auswilderungsprojekte vom Scheitern bedroht. 2013 wurde eine achtköpfige Herde der schon beinahe ausgestorbenen Wisente im Rothaargebirge ins Freiland umgesiedelt. Die Tiere fühlten sich wohl und vermehrten sich auf heute 25 Exemplare. Allerdings richten sie auch Schäden an den Bäumen an, die zu Schadensersatzforderungen der Waldbesitzer führen. Ein Gutachten kommt zu dem Schluss, dass es ein besseres Herden- und Konfliktmanagement braucht sowie eine Finanzierung von rund 500000 Euro pro Jahr. Wenn das nicht gelingt, wird man für diese Wisente wahrscheinlich wieder Plätze in Zoos oder Wildparks finden müssen.

Nach den Auslandserfahrungen hat David Pruß promoviert, sein Studium mit dem Ph. D.[2] abgeschlossen und sich damit international noch stärker wissen-

2 Der Ph. D. (Doctor of Philosophy) ist in englischsprachigen Ländern der wissenschaftliche Doktorgrad in nahezu allen Fächern, nicht nur in Geisteswissenschaften. Er berechtigt, an einer Universität alleinverantwortlich zu lehren.

schaftlich positioniert als mit dem deutschen Doktortitel. Tierarzt mit eigener Praxis wollte er aber nie werden. Als er über eine der vielen Zoo-Facebookgruppen erfuhr, dass in Hof die Stelle als Leiter frei wurde, reichte er seine Bewerbung initiativ ein und wurde prompt genommen. Seit 1. September 2021 ist er in der Verantwortung für rund 500 Tiere aus über 100 Arten.

Die Wiederansiedlung vo Wisenten in Deutschland bleibt umstritten.

Während in vielen Zoos Leitung und Personal organisatorisch und finanziell bei der jeweiligen Stadtverwaltung angesiedelt sind, ist Pruß bei einem gemeinnützigen Verein angestellt, der Zoologischen Gesellschaft Hochfranken 1907 e.V., die den Zoo betreibt. Sicherheit sieht anders aus, aber das hat ihn nicht abgehalten. »Wenn ein Zoo ruft, dann muss man kommen.« Außerdem schätzt er die unkomplizierte Zusammenarbeit mit dem Verein, die ihm die Entscheidungen im Tagesgeschäft erleichtern.

Stolz ist er auf sein kleines, aber sehr engagiertes Team. Insgesamt nur 22 Personen stehen auf seiner Lohnliste. Die Kernmannschaft besteht aus fünf Tierpflegern mit drei Azubis, einer Zoopädagogin, einem Handwerker, einem Geländepfleger, einer Azubi zur Bürokauffrau, drei BuFDis[3] und dem Personal im eigenen Café. Bei so geringen Kapazitäten müssen alle überall mit anpacken. Umbaumaßnahmen werden, wo immer es vertretbar ist, in Eigenleistung erbracht. »Jeder Tierpfleger kann hier auch 'nen Bohrer und 'nen Bagger bedienen.«

Der Gesamtetat beläuft sich auf rund 1 Million Euro pro Jahr. Die Stadt gibt einen Zuschuss von 140 000 Euro, der Rest muss erwirtschaftet werden. Keine leichte Aufgabe, die noch dadurch verschärft wird, dass der Zoo in einer sozialschwachen Gegend liegt. Deshalb sind Pruß sozialverträgliche Eintrittspreise ein wichtiger Aspekt. 7,50 Euro für einen Erwachsenen, 4 Euro für ein Kind, die Familienkarte für 20 Euro. Bei einer vierköpfigen Familie ist damit ein Kind frei. Er fühlt sich in der Pflicht, einen Zoobesuch für jeden Geldbeutel zu ermöglichen. Mit knapp 80 000 Besuchern konnte 2023 im zweiten Jahr in Folge ein neuer Rekord aufgestellt werden. Setzt man das ins Verhältnis zur Einwohnerzahl von Hof (46 000), ist das ein Wert, der in Relation durchaus dem von Hellabrunn (2,5 Millionen Besucher, 1,4 Millionen Einwohner) entspricht. Hof hat aber auch ein großes Einzugsgebiet. Konkurrenz gibt es erst wieder in Nürnberg, Leipzig oder Prag. Rund ein Drittel der Besucher kommt aus Tschechien. Deshalb sind die meisten Schilder mit Erklärungen zu den Tieren sowohl auf Deutsch als auch auf Tschechisch.

Pruß beginnt seinen Tag mit einem kleinen Rundgang zu allen Tieren. Das ist ihm wichtig, denn er will immer das Gefühl haben, dass es seinen Tieren gut geht. Woran er das erkennt? »Ein Tier muss körperlich gesund und in der Lage sein, seine natürlichen Verhaltensweisen auszuleben.« Für Tiere, die er übernommen hat und die das in Hof seiner Einschätzung nach nicht ausreichend konnten, hat er versucht, bessere Plätze zu finden. Als Beispiel erzählt er die Geschichte von Trudi der Schnappschildkröte. Trudi kam in den 1970er-Jahren, als der Schwerpunkt in Hof noch auf Aquarien lag, als ein 5-Markstück-großes Tierchen in den Zoo. Als er den Zoo übernahm, war aus Trudi ein riesiges Tier mit rund 100 Kilo Gewicht geworden. Es war untergebracht in einem für seine Größe inzwischen viel zu kleinen Becken. Ein Umbau war nicht realisierbar. Pruß suchte deshalb nach Alternativen und fand einen Zoo in Polen, der gerade eine neue Schildkrötenanlage gebaut hatte und Trudi gerne übernommen hätte. Aber nun schlug der Amtsschimmel zu. Im Lauf der Jahrzehnte waren viel zu viele Schnappschildkröten von Privatpersonen gekauft worden. Als deren Haltung wegen der Größe und der Gefahr durch Bisswunden den Besitzern Probleme bereitete, waren viele einfach in heimischen Gewässern ausgesetzt worden. Deshalb war die Haltung dieser Tiere ab

3 Als BuFDis werden umgangssprachlich vorwiegend junge Menschen bezeichnet, die im Rahmen des Bundesfreiwilligendienstes für eine begrenzte Zeit in gemeinwohlorientierten Einrichtungen arbeiten.

1999 in Deutschland verboten. Der Zoo in Hof hatte eine Ausnahmegenehmigung, weil das Tier schon vor dem Verbot da war. Diese Genehmigung galt aber nur für die Haltung, nicht für die Abgabe der Tiere. Trudi durfte deshalb nicht in den Zoo nach Polen, der optimale Bedingungen für sie gehabt hätte, sondern wurde der Reptilienauffangstation in München übergeben. Dort geht es ihr heute gut und sie lebt in einem großen Becken. Trotzdem kritisiert Pruß diese Lösung, denn die Auffangstation ist für Notfälle und nicht für überzählige Zootiere gedacht. »Warum ist eine solche Organisation qualifizierter in der Haltung eines Gefahrtieres als ein polnischer, bei WAZA[4] akkreditierter Zoo?« Für David Pruß ist das nur ein Indiz für eine tendenziell distanzierte Haltung der Politik und der Medien gegenüber Zoos. Im Gegensatz zu den hohen Besucherzahlen sieht er eine »sehr laute Minderheit, die das Thema in den sozialen Medien dominiert und aus meiner Sicht gefühlt wenig Ahnung hat. Schade ist, dass diese sehr laute Minderheit einen überproportional hohen Druck auf die Politik ausübt.«

Wie in den anderen Zoos werden in Hof Tiere auch als Futter für andere Tiere gezüchtet, zum Beispiel Meerschweinchen, Kaninchen, Tauben oder Ziegen. »Ein besseres Fleisch kann man nicht kaufen. Ein Raubtier lebt nicht von Luft und Liebe. Da verfüttere ich lieber Tiere, deren Lebensumstände ich kenne, anstatt am Schlachthof einzukaufen.« Gemeinsam mit der Cheftierpflegerin schlachtet er die Tiere selbst. Dieses Vorgehen wird offensiv vertreten und bei allen Führungen erklärt. Bei Sommerfesten oder anderen Events wird ein Futterratestand aufgebaut. Dort können die Besucher raten, welches Tier womit gefüttert wird. »Da sind dann immer tote Küken und Ratten und Kaninchen mit bei. Das finden die Kinder wahnsinnig spannend. Die haben da ganz wenig Berührungsängste.« Bei Führungen wird die Erdmännchengruppe manchmal mit einem toten Huhn gefüttert. Für die Erdmännchen ein seltenes Festessen, bei dem man aber sehr gut erklären kann, wie die Rangordnung innerhalb der Gruppe und die Futterverteilung funktionieren. Wichtig ist dabei immer, dass das nicht unkommentiert passiert.

Auch die Wissenschaft hat ihren Platz im Hofer Zoo. Am liebsten würde David Pruß hier selbst aktiv sein, findet dafür aber keine Zeit mehr. In Zusammenarbeit mit Universitäten, zu denen er gute Kontakte pflegt, gab es Verhaltensstudien bei den Affen und Störchen. Ein Schwerpunkt ist zurzeit aber die Robotik, ein Forschungsbereich, in dem die Hochschule Hof stark engagiert ist. Zwischen Labor und Alltag bietet der Zoo ein spannendes Versuchsfeld für autonome Fahrzeuge wie zum Beispiel einen selbstständig agierenden Mistroboter, der seinen Weg zwischen den Besuchern und freilaufenden Tieren unfallfrei finden muss. Außerdem wird mit einem

4 WAZA ist der weltweite Dachverband von Zoos und Aquarien. Für eine Aufnahme müssen hohe Anforderungen erfüllt werden.

extrem kleinen Konverter experimentiert, der die tierischen Hinterlassenschaften vergast und verstromt. Perspektivisch könnten daraus einmal kleine Anlagen entwickelt werden, die zum Beispiel in Mietshäusern oder Wohnblocks zur Energiegewinnung aus Abfall und Fäkalien einsetzbar wären.

Braucht ein Zoo aber nicht große Raubtiere wie etwa Löwen, um vom Publikum als attraktiv angesehen zu werden? Die anderen vier bayerischen Zoos haben jeweils welche, Hof nicht. Pruß sieht dafür weder eine Chance noch eine Notwendigkeit. Zum einen hat er gar keinen Platz für ein entsprechend großes Gehege. Zum anderen müsste gewährleistet sein, dass ständig jemand mit im Zoo ist, der berechtigt wäre, im Notfall zu schießen. Das ist gesetzlich vorgeschrieben, denn Löwen und andere große Raubtiere gehören in die höchste Gefährlichkeitsklasse (S3). Für Pruß ist es wichtiger, dass der Hofer Zoo im Rahmen seiner Möglichkeiten noch stimmiger,

Bei der Erdmännchenfütterung zeigt sich die Rangordnung.

überzeugender wird. Im Rahmen der Landesgartenschau 1994 wurde der Zoo vergrößert und es entstanden einige Gehege und Gebäude, die inzwischen saniert oder erneuert werden müssen. So ist nicht zu übersehen, dass der Zoo im Umbruch ist und sich spürbar verändern wird. »Jedes Tier soll jeweils einen Sinn erfüllen.«

Das kann der direkte Beitrag zu Artenschutz und Genpool sein, oder es fungiert als sogenanntes Botschaftertier, mit dem auf die Bedrohung seiner Art aufmerksam gemacht und um Unterstützung geworben wird. Manche Tiere können einen pädagogischen Sinn erfüllen, für andere kann der Zoo eine Auffangstation sein oder einen Gnadenbrotplatz bieten. Er kann aber auch ganz schlicht dazu da sein, überhaupt eine Begegnung mit einem lebendigen Wesen zu ermöglichen. Ein Versuch, die Kluft zwischen Mensch und Tier in unserer modernen Gesellschaft zu überwinden.

Im Rahmen von Citizen Conservation beteiligt sich der Zoo H[…] am Artenschutz[…] projekt für den Madegassischen Ährenfisch.

Das Projekt Erinnerungstiere

Die Hospitalstiftung in Hof ist 750 Jahre alt und betreibt zwei stationäre Pflegeeinrichtungen, einen ambulanten Pflegedienst, eine Tagespflege und Wohnanlagen für Seniorinnen und Senioren. Allein in den beiden Pflegeheimen, der Tagespflege und dem ambulanten Pflegedienst werden rund 400 Personen betreut. Das Vermögen stammt unter anderem aus Forstbetrieben, Grundbesitz und Erbpachteinnahmen. Zweck der Stiftung ist der Betrieb von Einrichtungen, in denen »nicht mehr arbeitsfähige, bedürftige oder minderbemittelte Gemeindebürger nach ihren Einkommens- und Vermögensverhältnissen entgeltlich oder unentgeltlich Wohnung und Verpflegung, bei Bedarf Pflege erhalten«.

Rund dreimal die Woche bekommen die Pflegeeinrichtungen in der Stadt Hof besonderen Besuch. Vom Zoo. Tierpfleger Lukas Blinzler fährt dann mit Meerschweinchen, Hasen, Schafen oder Tauben in eines der Heime, wo er sowohl von den Bewohnern als auch vom Pflegepersonal freudig erwartet wird. »Erinnerungstiere« nennt sich dieses Projekt, das auf Initiative des Zoodirektors David Pruß mit dem Geschäftsführer der Hospitalstiftung Sebastian Oehme entwickelt wurde. Grundgedanke war, dass viele Bewohner der Pflegeeinrichtungen früher Haustiere hatten oder direkt in der Landwirtschaft tätig waren. Diese Verbindung zwischen Mensch und Tier, die allein durch die Hospitalstiftung nicht herstellbar wäre, kann nun seit fast zwei Jahren wieder gelebt werden. Manche Bewohner wünschen sich bestimmte Tiere für den Besuch, andere lassen sich gern überraschen. Eine Taube in die Hand nehmen und sie wieder steigen lassen, wie früher, als man selbst noch Tauben gezüchtet hat, das kann zu einem hochemotionalen Erlebnis werden. Eine Dame, die früher Schafe gezüchtet hatte und jetzt im Heim nur noch wenig Aufmerksamkeit und Teilnahme zeigt, ist plötzlich hellwach, als ein Lamm vor ihr steht. Ganz automatisch hat sie die richtigen Griffe parat, weiß, wie sie das Schaf halten muss.

Für die meisten Bewohner ist Lukas mit seinen Tieren inzwischen eine feste Größe. Er ist ausgebildeter Tierpfleger, hat im Tierheim gearbeitet und im Zierfischgroßhandel. Dort hat ihn David Pruß angesprochen und zu einer Probearbeit im Zoo eingeladen. Das hat gut geklappt und als er dann von der Idee mit den Erinnerungstieren erfahren hat, war er begeistert. »Meine Oma war selber schwer krank und schon in verschiedenen Einrichtungen. Da fand ich die Idee unglaublich toll.« Anfangs war er sich nicht sicher, ob er das wirklich schaffen kann. Denn die Arbeit im Zoo bedeutete eine große Umstellung für ihn. Und würde er in der Lage sein, zusätzlich einen guten Draht zu den alten Menschen herzustellen, mit denen er nun regelmäßig in Kontakt wäre? Aber er hatte Lust auf die Herausforderung und ist inzwischen sowohl im Zoo als auch beim Besuchsprogramm souverän unterwegs.

Der Hofer Zoo könnte sich dieses Projekt selbst nicht leisten und es gehört ja auch nicht zu seinen originären Aufgaben. Das Gehalt von Lukas Blinzler wird von der Hospitalstiftung Hof und der Käte-Feldmer-Stiftung getragen, die auch den Anhänger finanziert haben, mit denen die Tiere transportiert werden. Für Sebastian Oehme war das keine einfache Entscheidung, denn die Stiftungsgelder müssen ausschließlich dem definierten Zweck der Stiftung dienen und dürfen Dritte »nicht mit Vergütungen begünstigen«. Erst eine Präsentation im Stadtrat brachte die Entscheidung, das Projekt Erinnerungstiere für zunächst drei Jahre umzusetzen. »Das ist eine Win-Win-Situation für alle Beteiligten. Wir schaffen hier eine nachhaltige Expertise, eine Professionalität, die auch über das Projekt hinaus wirken kann«, argumentiert Sebastian Oehme.

Die Resonanz ist von allen Seiten positiv. Das mag auch daran liegen, dass Einrichtungen von anderen Trägern wie Rotes Kreuz oder AWO den Service ebenfalls buchen können. Damit entwickelt das Projekt Vorbildcharakter für die Vernetzung von verschiedenen Institutionen in Hof. Sich gegenseitig zu stützen und zu stärken ist ein wichtiger Aspekt in einer Stadt, die finanziell nicht besonders üppig ausgestattet ist.

Lukas Blinzler mit einem Schaf zu Besuch im Seniorenhei

In Doppelfunktion – Ulrike Kolb, Zoopädagogin und mehr

Sie ist Vorsitzende im Trägerverein des Zoos, der David Pruß 2021 als Direktor eingestellt hat. In ihrer Funktion als Zoopädagogin ist sie seitdem auch seine Mitarbeiterin. Ein kurioser Spagat, der Ulrike Kolb aber anscheinend keine Probleme bereitet. Ein vertrauensvolles Verhältnis mit gegenseitigem Respekt habe sich seitdem aufgebaut. Von Anfang an war sie sehr beeindruckt von den klaren Vorstellungen, mit denen David Pruß den Hofer Zoo in die Zukunft führen will. »Ich habe sehr schnell gemerkt, der hat Pläne und weiß, was er will. Den muss man machen lassen. Das ist eine Frage des Vertrauens. Er hat schon so viel auf die Beine gestellt in der kurzen Zeit. Es hat schon so positive Veränderungen gegeben. Und ich bin für die Pädagogik zuständig und er für die Leitung. Da kommen wir uns überhaupt nicht ins Gehege.«

Ursprünglich hat Ulrike Kolb als Organisatorin im Kulturbereich gearbeitet und reichlich Erfahrung im Umgang mit Führungspersonal gesammelt. Da habe es regelrechte Vorstandskriege gegeben. Seit 2007 ist sie im Hofer Zoo und wurde von einem früheren Direktor zur Zoopädagogin ausgebildet. In diesen 16 Jahren ist sie einerseits in diesen Beruf hineingewachsen, hat aber auch gleichzeitig die Zoopädagogik als festen Bestandteil des Zoos etabliert. Für eine Einrichtung dieser Größe ist das ambitioniert und durchaus nicht selbstverständlich. Bei ihr kann man sehr viel buchen, was sonst nur in größeren Tiergärten angeboten wird.

Es gibt Zooführungen durch die gesamte Anlage oder zu ganz individuellen Schwerpunkten. Egal, ob jemand speziell etwas über Schlangen erfahren oder einfach mal genauer wissen möchte, was im Wirtschaftshof so passiert – Wünsche werden erfüllt. Die Tierpfleger hat sie inzwischen ebenfalls für den Kontakt mit den Besuchern und die Vermittlung von Wissen begeistert. Jeden Morgen wird diskutiert, welche Fütterungen kommentiert werden und wer das jeweils macht. Das alles immer begleitet mit interessanten Informationen zu den Tieren im Zoo, die meist nur Stellvertreter für ihre gefährdeten Artgenossen in der Natur sind. Sie bietet Führungen für Familien ebenso an wie für Junggesellenabschiede und es macht ihr Freude. »Ich bin in der Lage, mich auf jede Art von Publikum einzustellen.

Am Beispiel der Waschbären wird d[...] Wirkung invasiver Tierarten erklär[...]

Innerhalb von fünf Minuten weiß ich, wie die ticken, wie interessiert die sind und wie ich mit denen umgehen kann. Bei einer Schulklasse mit 30 Kindern erkenne ich sofort die, die sich wirklich interessieren. Aber da sind immer auch welche dabei, die gar keine Lust haben. Dann lass ich die halt hinten mitgehen, damit sie nicht stören und die wirklich Interessierten so viel wie möglich mitbekommen.«

In ihrer Rolle als eine von zwei Vorsitzenden des Trägervereins beschäftigt sie sich mit der langfristigen Entwicklung und Perspektive des Hofer Zoos. Die Zusammenarbeit zwischen Direktor, Mitarbeitern und Verein funktioniert sehr gut und alle freuen sich über die kurzen Entscheidungswege. Aber sie ist skeptisch, ob das für die nächsten Jahrzehnte reichen wird. Der Verein hat gerade mal 100 Mitglieder, die einen Jahresbeitrag von 20 Euro bezahlen. Welche Alternativen gäbe es? Die Umwandlung des Vereins in eine gemeinnützige GmbH? Eine Eingliederung in die Stadtverwaltung wie bei den meisten anderen Zoos? Unabhängig davon, wie sich das organisatorisch entwickeln wird, kann der Zoo auf eine über Jahrzehnte gewachsene Unterstützung aus der Bevölkerung bauen. Seit Generationen freut man sich am eigenen Zoo und ist stolz auf diese Einrichtung. Die Ende 2023 erfolgte Gründung eines Fördervereins will darauf aufbauen.

Entwicklungsplan für den Zoologischen Garten Hof

Gemeinsam mit dem Förderverein Botanischer Garten und Theresienstein hat David Pruß ein Konzept für die Weiterentwicklung des Hofer Zoos und die Gesamtentwicklung des Theresiensteins erarbeitet. Ziel ist ein attraktives Natur- und Klimaschutzzentrum für bedrohte Arten der Flora und Fauna. Die Grenzen zwischen dem Zoo, dem Botanischen Garten und dem großen Bürgerpark Theresienstein sollen dabei aufgehoben und die Exponate des Geologischen Gartens integriert werden. Angestrebt wird unter anderem eine Zertifizierung als Arche-Park. Solche Parks betreiben Öffentlichkeits- und Bildungsarbeit für vom Aussterben bedrohte Nutztierrassen. Die Gesellschaft zur Erhaltung alter und gefährdeter Haustierrassen weist auf die Dringlichkeit solcher Aktivitäten hin. »Alle zwei Wochen stirbt eine Nutztierrasse aus – das heißt, eine an Klima und Standort angepasste Rasse, ein genetisches Erbe und Kulturgut zugleich.«

Herzstück der erweiterten Anlage und gleichzeitig Verbindungsstück zwischen Fauna und Flora, zwischen Zoo und Botanischem Garten soll das sogenannte Mediterraneum werden. In ihm werden Pflanzen und Tiere aus dem mediterranen Raum vorgestellt. Der Mittelmeerraum ist ein Brennpunkt der Biodiversität. »Dieser einzigartige Lebensraum steht aus jedweder Richtung unter Druck. Neben Waldbränden tragen Migrationsbewegungen, Tourismus und der Raubbau an der Natur zu einem stetigen Verschwinden von Flora und Fauna bei. Nicht zuletzt jeder Käufer von frischem Obst und Gemüse im Winter kann dazu beitragen. Denn diese frischen Feldfrüchte kommen im Winter auf der Nordhalbkugel zumeist aus unendlich erscheinenden Gewächshäusern des mediterranen Raumes. Für unsere Tomaten werden ganze Landstriche unter Planen verborgen und Gebirgsseen zur Bewässerung geleert.«[5]

Das Mediterraneum soll ergänzt werden durch ein Gehege für Mesopotamische Damhirsche, eine Art, die ohne ein zoologisches Zuchtprogramm bereits ausgestorben wäre. Nur durch die Populationen in menschlicher Obhut konnten wieder Tiere in ihr angestammtes Siedlungsgebiet überführt werden.

David Pruß ist nicht nur Zooleiter und Tierarzt, sondern auch Falkner. Sein Augenmerk richtet sich deshalb auch auf die Gefährdung von Vögeln durch neue Windkraftanlagen, Stromtrassen oder Feldarbeit und Straßenverkehr. »Die Greifvogelhilfe ist bis jetzt privat auf engagierte Falkner angewiesen. Nicht fachkundige, aber eifrige Hilfe zeugt von einem Bedürfnis der Bevölkerung, helfen zu wollen.

5 Alle Zitate dieses Textes aus dem internen Konzeptpapier »Wegweiser zu einem einzigartigen Naturschutzzentrum Theresienstein« von David Pruß, 2022

Dieses Rentier ist gerade angekommen – deshalb noch mit Halfter.

Dies ist bei diesen hochspezialisierten Vögeln jedoch nur Fachleuten vorbehalten. Diese Fachleute haben wir im Zoo in Form von ausgebildeten Tierpflegern in der Fachrichtung Zoo und mit meiner Person.« Der Zoo will mit einer kleinen Greifvogelauffangstation und zwei Vorbereitungsvolieren für die Wiederauswilderung seine Fachexpertise in den Dienst der Greifvögel stellen und damit soziale und gesellschaftliche Verantwortung tragen. »Die temporären Bewohner finden hoffentlich alle, nach einer entsprechenden Vorbereitung, den Weg zurück in die Natur. Eine einsehbare Voliere für Vögel, die nicht mehr auswilderungsfähig sind, soll aber auch den Zoobesuchern zeigen, wie der Mensch in unsere heimische Natur eingreift und sie verändert.«

Eine weitere Tierart, die als Botschafter dient und sich mit dem eher kühlen und rauen Hofer Klima gut verträgt, wird das Rentier. Gleich im Eingangsbereich findet inzwischen eine Gruppe dieser Tiere ihren Platz. In einem Klimagarten werden sie als Botschafter für menschliche Erschließung und deren Konsequenzen in den Tundren der Nordhalbkugel dienen. Aufmerksamkeit durch spielerisches Entdecken und ohne zu belehren, aber immer unter Darbietung eines Lösungsansatzes ist das Ziel.

Einige Strandkörbe im weißen Sand sollen in der Wattenmeer-Voliere zum Verweilen einladen und Sandregenpfeifer, Austernfischer und Säbelschnäbler das Nordseefeeling ergänzen. Damit möchte der Zoo für das Ökosystem Wattenmeer sensibilisieren, das durch Ölförderung, Gasbohrungen, Windparks und nicht zuletzt durch unseren Müll stark gefährdet ist.

Über den im Zentrum der Anlage gelegen Ställen ist eine »Zoo-Klima-Schule« geplant. Hof ist einer der wenigen kleineren Zoos, die sich bereits eine eigene Zoopädagogin leisten. Ihre Kompetenz könnte damit noch intensiver genutzt werden.

Grundsätzlich in allen Bereichen angestrebt ist eine Verbindung von Flora, Fauna und Geologie. »Jedes Gehege wird nicht nur botanisch auf die gezeigten Tiere abgestimmt, sondern es wird auch immer ein Gestein, typisch für die Region, präsentiert. Dies nicht einfach nur als Findling, sondern aufgearbeitet mit angeschliffenen Flächen. Auch didaktisch soll über eine Zoorallye die Brücke zwischen Stein, Pflanze und Tier geschaffen werden und die Gemeinsamkeiten und die Bedeutung für den Lebensraum herausgearbeitet werden.«

Das Projekt wurde dem Hofer Stadtrat bereits vorgestellt. Während eines Zukunftsabends im Zoo wurden die Pläne von allen anwesenden Stadträten interessiert begutachtet und positiv aufgenommen. In der geplanten inhaltlichen Neuausrichtung hin zu einem Natur- und Klimaschutzzentrum und der stärkeren räumlichen Verbindung zwischen Bürgerpark Theresienstein, Botanischem Garten und Zoo steckt ein hohes Potenzial. Wenn es Hof gelingt, das zu heben, könnte in den nächsten Jahren aus dem kleinsten bayerischen Zoo eine echte Attraktion werden, von der die ganze Region profitieren würde.

Bürgerpark, Botanischer Garten und Zoo könnten in Hof zusammenwachsen.

Die Bennettkängurus stehen für Australien.

Den Titel Zootier des Jahres erhalten Tierarten, deren Bedrohung noch nicht so im Bewusstsein der Öffentlichkeit ist. 2023 war es der Ara.

pornschildkröten stehen uf der Roten Liste edrohter Arten.

Das Savannenhaus

Die Buschschliefer repräsentieren Afrika.

Abenteuerspielplatz

Die kleinste
Rinderrasse
der Welt:
das Dahom
Zwergrind

Das Coburger uchsschaf ist ehr selten eworden.

Der Hofer Zoo ist ideal für den Besuch mit kleinen Kindern.

TIERGARTEN NÜRNBERG

Steckbrief Tiergarten Nürnberg

Gegründet: 1912, seit 1939 am Schmausenbuck
Inhaber: Stadt Nürnberg
Fläche: zirka 65 Hektar (91 Fußballfelder)
Tierbestand in Zahlen: rund 300 Arten
Charakter: weitläufiger Landschaftszoo
Besondere Tierarten: Delfine, Seekühe, Panzernashorn
Artenschutzprojekte in Zahlen: beteiligt sich an 40 Europäischen Erhaltungszuchtprogrammen (EEP) und an 14 Artenschutzprogrammen im Freiland
Bildungsangebote: Zooschule, Führungen, Vorträge, Erklärungen an den Gehegen, Besuch beim Lieblingstier, Klimawaldpfad
Beschilderung: deutsch
Besondere Events: Galaabende »Artenschutz für die Zukunft« im Blauen Salon, Sommer- und Herbstfest, Sommernachtskino, besondere Führungen zu besonderen Anlässen, zum Beispiel »Homosexualität im Tierreich« u.a.
Gastronomie: Waldschänke (Biogastronomie), Bistro Lagunenblick, Grüne Oase am Kinderzoo mit Sitzgelegenheit, 2 Imbissstände
Besuchereinrichtungen: 6 barrierefreie Toiletten mit Wickelraum, 3 weitere Toiletten, ausleihbare Bollerwägen und Rollstühle, Ladestation für Smartphones
Spielplätze: 3 naturnahe Spielplätze, Felskletterwand, Kleinbahn »Kleiner Adler«
Inklusion: kostenlose Tiergarten-App weist den barrierefreien Weg zum Lieblingstier
Infomaterial: Gehegeplan, kostenlose Tiergartenpublikation »manatimagazin«
Shop: Souvenirshops beim Eingang und auf dem Gelände
Hunde: nicht erlaubt
Organisierte Förderer: Verein der Tiergartenfreunde Nürnberg e.V.
Mitgliedschaften: WAZA, EAZA, VdZ, Stiftung Artenschutz, EAAM, VCF, EAZWV, IZEA, Biokreis e.V., DGHT, ZGAP, Species360
Adresse: Tiergarten Nürnberg, Am Tiergarten 30, 90480 Nürnberg
Tel. 0911–5454-6
E-Mail: tiergarten@stadt.nuernberg.de
Website/Social Media: www.tiergarten.nuernberg.de
Facebook, Instagram, YouTube

Tiergarten Nürnberg – damals und heute

Die Nürnberger gingen optimistisch ins Risiko und gründeten eine Aktiengesellschaft, um ihren ersten Zoo zu finanzieren. Viele zeigten sich spendabel, um eine »Zierde für eine Großstadt« und »der Jugend eine unerschöpfliche Quelle der Belehrung« zu ermöglichen. Im Mai 1912 wurde der Tiergarten im sogenannten Luitpoldhain in der Nähe des Dutzendteichs eröffnet. Bereits ein Jahr später konnten über 800 000 Besucher gezählt werden.

Gründungsaktie des Tiergartens Nürnberg, 30. Juni 1911

Trotz des großen Erfolgs war der Tiergarten den Nationalsozialisten in den 1930er-Jahren im Weg. Adolf Hitler wünschte sich genau dort die Erweiterung des Reichsparteitagsgeländes mit seinen Kolossalbauten. Dem starken Engagement der Nürnberger war es aber zu verdanken, dass der Tierpark Anfang 1939 zwar geschlossen, wenige Wochen später aber am Schmausenbuck, einem ehemaligen Steinbruch am Rand des Reichswaldes, wiedereröffnet werden konnte. Letztlich erwies sich dieser erzwungene Umzug aber als Glücksfall. Denn auf einer Fläche von 65 Hektar konnte sich einer der größten Landschaftszoos Europas entwickeln. Die roten Sandsteinfelsen mit den weitläufigen Wald- und Wiesenflächen prägen den einzigartigen Charakter und ermöglichen großzügige und naturnahe Tiergehege. Häufig konnte die Hanglage genutzt werden, um störende Gitter zu vermeiden. Es genügte, die Besucher nur durch Gräben von den Tieren zu trennen.

Die Freude über den neuen Standort war zunächst nur kurz, denn wenige Monate später begann der Zweite Weltkrieg. Personal- und Futtermangel waren eine Herausforderung, einzelne Tiere wurden in andere Zoos ausgelagert (siehe Tiergarten Straubing, S. 88). Aber immer neue Bombardierungen zerstörten in den Kriegsjahren fast alle Gebäude und töteten viele Tiere. Trotzdem wurde der Tiergarten im Mai 1945, wenige Tage nach Kriegsende, wiedereröffnet. Erneut war Improvisation gefragt. Ein Elefant, ein Nilpferd, ein Bison, einige Zebras, Eisbären und Affen bildeten eine abenteuerliche Mischung. Daneben wurden Kahnfahrten auf den

Der Tiergarte Nürnberg war von Beginn an als Landschaftspark geplant.

kleinen Weihern, Zirkusvorführungen und Kinderfeste organisiert. Ende 1949 gab es sogar schon Modeschauen vor exotischer Kulisse.

Obwohl die Altstadt fast vollständig zerstört und die übrigen Stadtteile schwer beschädigt waren, arbeiteten die Nürnberger konsequent an der Wiederbelebung ihres Tiergartens und genossen die Ablenkung von der Trümmerlandschaft der Stadt. Ab 1947 gab es wieder Raubtiere und Schimpansen sowie eine kleine Eisenbahn für die Kinder. 1950 war der Wiederaufbau abgeschlossen und der Tiergarten begann mit der Zucht von Eisbären. »Zu jener Zeit war es üblich, neue Tiere durch den Tierhandel zu erwerben und auch eigene Tiere zu veräußern. Von 1950 bis 1956 wurden insgesamt 13 in Nürnberg geborene und aufgezogene Eisbären an andere Einrichtungen verkauft. 1962 wurde der 20. Eisbär aufgezogen und passenderweise auf den Namen Twenty getauft.«[1]

Bereits in den 1960ern wurde der Gedanke des Artenschutzes ein konkretes Thema in Nürnberg. Mit dem damals in der Natur ausgestorbenen Urwildpferd konnte über eigene Züchtung und Wiederansiedlung in der Mongolei ein großer Erfolg erzielt werden. Unterstützt wurden auch die internationalen Bemühungen um den Erhalt des Sibirischen Tigers und der Pater-David-Hirsche. In den 1970ern machte der Tiergarten dann Schlagzeilen mit der Eröffnung eines Delfinariums und dem Bau eines Tropenhauses für die vom Aussterben bedrohten Seekühe. Ende der 1980er-Jahre wurde mit der Eröffnung eines Naturkundehauses die Zoopädagogik fester Bestandteil und ein eigener Zoolehrer nahm seine Arbeit auf.

1 Dr. Peter Mühling, damaliger Tiergartendirektor. Alle Zitate in diesem Text sind der Broschüre »100 Jahre Tiergarten Nürnberg« entnommen.

Im Lauf der Jahrzehnte sorgten die Eisbären immer wieder für Schlagzeilen. Besonders dramatisch wurde es im März 2000. Wegen Umbauarbeiten im Zoo Karlsruhe war die dortige Eisbärengruppe zeitweise nach Nürnberg gebracht worden. »Es war gegen Abend, als jemand die Schlösser am Eisbärengehege mit Gewalt aufgebrochen und die Eisbären freigelassen hat. Außer einem Mann mit seinem Kind waren zum Glück keine Besucher mehr im Garten. Das Risiko, dass die Eisbären die Abgrenzungen des Tiergartens überwinden würden, war unkalkulierbar. Es gelang leider nicht, die vier ausgebrochenen Eisbären mit Beruhigungsmitteln zu immobilisieren. Es hat geregnet und das Fell war nass, vielleicht drang deshalb die Narkosespritze nicht tief genug ein. Jedenfalls erhielten die Eisbären eine Dosis, die für einen Elefanten gereicht hätte. Nach Beratung mit dem Tierarzt, Tierpflegern und weiteren Mitarbeitern habe ich entschieden, die Tiere zu erschießen. Dies war ein großes Risiko, denn jeder Schuss musste sitzen. Ein angeschossener Eisbär ist noch weitaus gefährlicher. Das letzte Tier wurde vor der Türe der Waldschänke erschossen. Dort fand gerade eine Gesellschaft statt.«

Weltweite Aufmerksamkeit erzielte das Eisbärenmädchen Flocke, das im Dezember 2007 in Nürnberg geboren wurde. Da seine Mutter sich merkwürdig verhielt und man fürchten musste, dass sie ihren wenige Tage alten Nachwuchs töten würde, entschied man sich damals zur Handaufzucht. Alle Medien, von Print über Fernsehen bis Internet, stürzten sich auf das süße Eisbärenbaby und begleiteten täglich seine Entwicklung. Dieser Medienrummel führte aber auch zu Protesten gegen die Zoohaltung von Eisbären.

Seit über 50 Jahren begeistert die Delfinhaltung die Besucher in Nürnberg, stößt aber seitdem auch auf Kritik. 2011 wurde die neue Delfinlagune eröffnet, die zusammen mit dem Haus für Seekühe eine besondere Attraktion ist und eine wegweisende Haltungsform dieser Tierarten bieten will. Täglich werden dort Shows angeboten, in denen die Delfine Sprünge und andere Übungen präsentieren. Die Tiere trainieren regelmäßig mit ihren Pflegerinnen und Pflegern, die ihnen mithilfe positiver Verstärkung verschiedene Übungen beibringen. Dadurch können Tierpfleger und Tierärzte zahlreiche Behandlungen bei den Delfinen durchführen, die sonst nicht möglich wären. Außerdem dienen die Übungen ihrer geistigen und körperlichen Beschäftigung.

Der Tiergarten Nürnberg wurde von Beginn an als Landschaftszoo konzipiert und hat diesen Charakter in über 100 Jahren weiter gepflegt. Immer stärker prägt ihn seit einigen Jahrzehnten der Artenschutzgedanke und die Vermittlung von Wissen über den Schutz der Natur. Über eine Million jährliche Besucher belohnen dieses Engagement.

Zwei aktuelle Großprojekte ergänzen den Ansatz der vernetzten Umwelt- und Naturbildung. Im Frühjahr 2024 wurde der sogenannte Klimawaldpfad eröffnet.

Wie ein Wald von der Wurzel bis zur Krone funktioniert, können die Besucher nun sowohl von unten als auch aus der Wipfelperspektive erfahren. Wie verändert er sich im Klimawandel? Was bedeutet das für die Tierarten, die in und von ihm leben? Welche Bäume, welche Tiere können sich schnell genug anpassen, um zu überleben, oder: Wie muss der Wald umgebaut werden, damit er den Herausforderungen des Klimawandels standhält? Der Tiergarten Nürnberg nutzt hierbei sein besonderes Knowhow, denn er ist auch der Forstbetrieb der Stadt und baut seit Jahren gemeinsam mit Partnern große Flächen des Reichwaldes um zu einem klimaresilienten Mischwald.

Im thematischen Zusammenhang damit steht auch die Neugestaltung der sogenannten Mittelspange im Tiergarten. Um konkret vorstellbar zu machen, wie sich die Vegetation bei uns durch den Klimawandel verändern könnte, mischen die Gärtnerinnen und Gärtner des Tiergartens dort gezielt asiatische Pflanzen wie Gingko, Azalee, Rhododendron unter die traditionelle Vegetation mit vielen alten Eichen – ein eindringlicher Kontrast. In dieser neuen Umgebung sollen in kombinierbaren Gehegen überwiegend bedrohte asiatische Tierarten zu sehen sein, wie zum Beispiel Schabrackentapire, Hirscheber und Prinz-Alfred-Hirsche.

Der gesamte Nürnberger Tiergarten und das angrenzende Gelände am Schmausenbuck gehören zu Natura 2000, einem zusammenhängenden Netz von Schutzgebieten in der Europäischen Union, die dem ländergreifenden Erhalt gefährdeter wildlebender heimischer Pflanzen- und Tierarten in ihren natürlichen Lebensräumen dienen.

Der Klimawandel wird auch die Flora im Tiergarten Nürnberg verändern.

Der Zoo und die Gesellschaft – Dag Encke, Direktor

Dag Encke

»Mein Respekt vor Politikern ist eigentlich nur gewachsen.« Das war nicht immer so. Dag Encke, Sohn des ehemaligen Zoodirektors von Krefeld, war als Schüler der Überzeugung, dass »Politiker keine Ahnung haben«. In Aktenordnern hat er damals alles archiviert, was er über Umweltthemen finden konnte, und in den Ferien arbeitete er in Baumschulen, um ganz praktisch ein Gefühl für Pflanzen und Natur zu entwickeln. Aber auch der »Kalte Krieg« und die Ost-West-Politik motivierten ihn, sich zu engagieren. »Dafür wollte ich Slawistik lernen, Geschichte und Rhetorik studieren.«

Im buchstäblich letzten Moment hat er sich dann doch umentschieden und sich für ein Biologiestudium eingeschrieben. Naturwissenschaft als fachliches Fundament, um auf der politischen Bühne kompetent mitwirken zu können. Dann wurde es aber doch eine Zookarriere. Erst als Kurator in Münster und seit 2005 leitet Dr. Dag Encke den Tiergarten Nürnberg. Zusätzlich ist er seit 2019 Vizepräsident des Verbands der Zoologischen Gärten, dem mehr als 70 wissenschaftlich geleitete Tiergärten und Tierparks in Deutschland, Österreich, der Schweiz und Spanien angehören. Er ist ein ausgesprochen politischer Direktor geworden, ein analytischer Denker, für den gesellschaftliche Entwicklung, Umweltpolitik, Fragen der Ethik und die Zukunft der Zoos untrennbar zusammengehören. Schwierigen Themen geht er nicht aus dem Weg. Er trägt sie vielmehr in die öffentliche Diskussion. Nicht um zu provozieren, sondern um einen demokratischen Diskurs anzuregen, einen gesellschaftlichen Konsens zu erreichen. »Wir wollen eine informierte Gesellschaft. Denn die Entscheidungen, wie Zoos langfristig arbeiten, werden nicht wir Direktoren treffen, sondern die Gesellschaft.«

Wann immer der Tiergarten Nürnberg im Gespräch ist, geht es sehr schnell um die Delfinhaltung. Seit 1971 sind sie hier zu sehen und seit 2011 leben sie in der sogenannten Delfinlagune. Diese umfasst fünf Becken, die variabel verbunden werden können und insgesamt rund 6000 Kubikmeter Meerwasser umfassen. Sieben Große Tümmler leben hier gemeinsam mit Kalifornischen Seelöwen. Es ist die einzige Freilandhaltung von Tümmlern in Deutschland. Von einer großen Naturtribüne aus und durch eine Unterwasserpanoramascheibe können die Tiere von den Besuchern gut beobachtet werden. Mit den Tümmlern wird regelmäßig und abwechslungsreich trainiert. Die Vorführungen, bei denen die Pfleger über diese Tierart informieren und die Delfine auf Signale ihrer Trainer teils spektakuläre Sprünge und Balanceakte zeigen, sind absolute Highlights für das Publikum. Die Nürnberger Tümmler sind Teil eines Europäischen Erhaltungszuchtprogramms (EEP). Wissenschaftlich geführte Delfinarien in ganz Europa arbeiten dabei zusammen und beherbergen insgesamt rund 270 Tiere. Tümmler gelten zwar noch nicht als gefährdet, aber auch ihr Bestand ist rückläufig. Als Botschafter für bedrohte Delfinarten sollen sie die Besucher für die Überfischung und Verschmutzung der Meere und die damit verbundene Bedrohung der Tierwelt sensibilisieren.

Ein besonders dramatisches Beispiel für das Versagen beim Delfinschutz beschreibt Dag Enckes Bruder Björn in einem aktuellen Buch über gefährdete Tierarten.[2] Der Kalifornische Schweinswal, auch Golftümmler oder Vaquita, zählt schon seit Jahrzehnten zu den bedrohtesten Säugetierarten überhaupt. Er lebt am Golf von Kalifornien, wesentliche Fressfeinde hat er keine und auch mit den Umweltveränderungen kommt er relativ gut klar. Sein Schicksal sind die Netze der Fischer, in denen er hängenbleibt und – als Lungenatmer – elend ertrinkt. Tausende von Delfinen sterben auf diese Weise jedes Jahr. 1997 wurden 567 Vaquitas gezählt, 2008 waren es noch 245 und 2020 gerade mal neun. Wahrscheinlich sind sie für immer verschwunden, wenn diese Zeilen gedruckt werden. Es ist die Geschichte eines angekündigten Aussterbens, denn die Zusammenhänge zwischen der Fischerei und den Vaquitas ist seit Jahrzehnten bekannt. Spät, viel zu spät versuchte die Regierung gegenzusteuern. Sie bot den Fischern finanzielle Unterstützung bei der Umstellung auf Ökotourismus. Ein guter Ansatz, allerdings wurde vergessen, geeignete Voraussetzungen für die Entwicklung von Ökotourismus zu schaffen. Die Gäste blieben weg. Stattdessen bezahlte ein Verbrechersyndikat den Fischern viel Geld für den Fang des Totoabas, einer bedrohten Fischart, deren Schwimmblase in China als Heilmittel gilt und preislich mit Kokain gleichzusetzen ist. Die Netze wurden also weiter ausgeworfen und das Schicksal der Vaquitas nimmt seinen Lauf.

Kritik an der Delfinhaltung richtet sich meistens gegen die Größe der Becken (zu klein), die Größe der Gruppen (zu wenige Tiere) oder entzündet sich an Totgeburten und den als unnatürlich empfundenen Kunststücken. Dem hält Dag Encke entgegen, dass das Wohlergehen von Delfinen hauptsächlich von der Sicherung ihrer Stellung im Sozialgefüge und der Sicherung ihres Territoriums abhängt. Beides ist in einer guten Haltung wie in Nürnberg gewährleistet. In der Natur schrumpfen

2 Heiko Werning/Ulrike Sterblich: Von Okapi, Scharnierschildkröte und Schnilch. Ein prekäres Bestiarium, Berlin 2022, S. 197–200

Begeisterte
Besucher in der
Delfinlagune

die Populationen, während die Nachzucht in Delfinarien seit einigen Jahren sehr gut klappt. Analog zu den meisten anderen Zootieren ist das Training ein Ersatz dafür, dass sie sich nicht anstrengen müssen, um ihre Nahrung zu sichern. Woher aber kommt die oft sehr emotionale, kaum auf Argumenten basierende Skepsis gegen die Delfinhaltung, die man gelegentlich in Gesprächen erfährt? Dag Encke sieht hier eine ganze Reihe von Ursachen. »Delfine wurden schon früher, zum Beispiel in der griechischen Dichtung, mythisch überhöht. Das liegt daran, dass Tümmler so verspielt sind und als Wildtiere auf Menschen zugehen. Es gibt ganz wenige Tierarten, die das tun. Dadurch neigen wir dazu, sie als menschenähnlich anzusehen, ihnen menschenähnliche Empfindungen und Werte zuzuschreiben.« Außerdem hat man analysiert, dass wir in Delfinen das sogenannte Kindchenschema erkennen, was sie uns sehr sympathisch macht. Und schließlich begann die Delfinhaltung mit Wanderzirkussen und in Vergnügungsparks. Die Becken zwischen Schaukeln und Achterbahnen wirkten oft hässlich und die Vorführungen bekamen einen rein kommerziellen Charakter. »Seit wir die Lagune haben, gibt es bei unseren Besuchern so gut wie keine Kritik mehr.«

Ganz grundsätzlich sieht Encke eine direkte Verbindung zwischen Zookritik und Ästhetik. »Wenn uns ein Gehege nicht gefällt, denken wir sofort, dass es dem Tier schlecht geht. Das kann stimmen, muss aber nicht stimmen.« Er verweist auf das Forschungsfeld der Neuroästhetik. Danach wird das Empfinden von Schönheit an einer Stelle in unserem Gehirn verarbeitet, die direkt gekoppelt ist mit dem Entscheidungszentrum. Tiere in harmonischer Umgebung werden auch selbst als gesund und zufrieden wahrgenommen. Nicht zuletzt deshalb hält der Tiergarten Nürnberg konsequent am Konzept der Gründer des Zoos fest: Die wollten einen Landschaftszoo ohne große Bauwerke, in dem die Tiere in ihrer natürlichen Größe wirken können. »Bei der Delfinlagune haben wir alle Gebäude komplett im Boden verbuddelt. Das Ziel war, die Lagune in die vorhandene Landschaft, den Sandsteinbruch harmonisch zu integrieren. Die Löwen, die Bären, die Affen, alle leben im Sandsteinbruch, also auch die Delfine. Keinesfalls wollten wir einen künstlichen Palmenstrand. Und die Zuschauer sitzen nicht auf Stahlbeton, sondern auf einer Naturtribüne.« Kritisch könnte man dazu anmerken, dass in der Schaffung möglichst durchgängig schöner, harmonischer Eindrücke auch die Absicht steckt, Probleme durch eine schöne Optik zu überdecken. »Nein, mit den schönen Bildern öffnen wir den Kopf. Die angenehme, schöne Empfindung soll der Schlüssel sein, um ein weitergehendes Interesse zu entwickeln.«

Ein Schwerpunkt der Delfinhaltung in Nürnberg ist die Forschung. Gemeinsam mit der ebenfalls im Tiergarten ansässigen Artenschutzgesellschaft Yaqu Pache e.V. werden wissenschaftliche Untersuchungen durchgeführt. Wesentliche Erkenntnisse über das Verhalten von Delfinen, ihre Intelligenz, ihre Sensorik konnten so gewonnen werden. »Durch diese intensive Forschungsarbeit ist der Tiergarten Nürnberg zu einem internationalen Zentrum des Delfinschutzes geworden.« Spezialisten aus aller Welt kamen hier wiederholt zusammen und haben entscheidende Publikationen erarbeitet. 2021 haben mehr als 150 Wissenschaftler und Experten ein Statement[3] unterzeichnet, in dem sie sich für die Haltung von Meeressäugern wie Delfinen, Robben und Manatis aussprechen. Sie betonen die Bedeutung der Forschung an Tieren in menschlicher Obhut. Viele Forschungsfragen können nicht in der Natur aus der Ferne beantwortet werden. Erkenntnisse zu Schwangerschaft, Geburt und Jungtierentwicklung sind zum Beispiel nur durch kontinuierliche Beobachtung in zoologischen Einrichtungen möglich geworden. Und wirksamer Artenschutz auch im Freiland funktioniert nur auf einer breiten Wissensbasis.

Dag Encke ist begeistert von den Möglichkeiten, die die Digitalisierung für die wissenschaftliche Arbeit in den Zoos geschaffen hat. Die Vernetzung der Wissenschaftler untereinander, die Möglichkeit, schnell auf erhobene Daten zuzugreifen und nicht erst jahrelang auf gedruckte Publikationen warten zu müssen, beschleunigt den Wissenszuwachs. ZIMS, die weltweit größte Datenbank für Wildtierhaltung, in die 1200 Zoos einspeisen, sieht er als ausgezeichnetes Werkzeug für die erfolgreiche Weiterentwicklung der Artenschutzprogramme. »Mit diesen Datenmengen können wir Modelle entwickeln, die auch die Prognosen für die Klimaveränderungen miteinbeziehen. Die Rahmenbedingungen in der Natur verändern sich auf der ganzen Welt. Letztlich ist alles, was wir tun, ein Experiment. Daraus müssen wir ständig weiterlernen.« So entsteht gerade ein Langzeit-Management-Plan, wie die Gorillapopulation als genetisch diverse Reserve die nächsten 100 Jahre überstehen soll.

Eine ungewöhnliche medizinische Maßnahme in der Nürnberger Gorillagruppe wurde 2023 in der Zoowelt sehr aufmerksam verfolgt. Die Gruppe ist Teil eines Europäischen Erhaltungszuchtprogramms (EEP), in dem über 400 Westliche Flachlandgorillas in 72 Zoos gehalten werden. Die Erhaltung der genetischen Vielfalt ist dabei sehr wichtig. In der Nürnberger Gruppe waren 2019 und 2020 zwei männliche Gorillas geboren worden. Da die Gene des Vaters schon stark im Programm vertreten waren, kommen die beiden Jungtiere für die weitere Zucht nicht mehr infrage. Dies ist nur ein Beispiel für ein grundsätzliches Thema. Nicht alle Tiere in Zoos können sich fortpflanzen, da die Platzkapazitäten meist ausgeschöpft sind. Eine Abgabe an andere Zoos war auch hier keine Option. Nach intensiver Abwägung entschloss man sich in Nürnberg, die beiden Jungtiere vor dem Eintritt in die Geschlechtsreife zu kastrieren. In der Folge wird sich der Körperbau der

3 http://zoos.media/medien-echo/wissenschaft-verstaerkt-bekenntnis-haltung-delfine-meeressaeuger/ [zuletzt geöffnet am 12.2.2024]

beiden nicht so kräftig entwickeln wie bei ihrem Vater, der sie dann später auch nicht als Konkurrenten wahrnehmen muss. Nun haben die beiden beste Chancen, dass sie weiterhin gut integriert in der Gruppe leben können.

Eine solche Maßnahme wird nicht leichtfertig getroffen. Dag Encke und sein Team haben sich vorher intensiv mit anderen Zoos ausgetauscht und Gorillagruppen besucht, in denen bereits kastrierte Tiere leben. Als die Entscheidung feststand, wurde diese schon im Vorfeld über die Medien bekanntgemacht. Das gehört zu Enckes Prinzipien. »Wenn wir etwas tun, müssen wir es auch allen erklären können. Wir müssen immer nachdenken, welche Folgen das haben kann. Das erzieht zu einer großen Sorgfalt.« Die Reaktionen in der Öffentlichkeit blieben dann auch sehr moderat.

Ganz ähnlich verlief die Diskussion über den Tod von Löwenjungen im Frühjahr 2023. Das Asiatische Löwenweibchen hatte vier Junge geworfen. Eines starb unmittelbar nach der Geburt und die drei anderen wurden von der Mutter aufgefressen. Dieses für uns scheinbar grausame Verhalten ist bei erstgebärenden Löwinnen aber keine Seltenheit. Sie müssen erst selbstständig lernen, Nachwuchs aufzuziehen. Aber wäre das in der Natur auch so abgelaufen? Dort hätte die Mutter in einem Rudel mit erfahrenen anderen Müttern gelebt und vielleicht aus dem Erlebten gelernt. Aber Encke verweist darauf, dass alle Tiere, die in Rudeln leben, sich für die Geburt zurückziehen und erst später, wenn die Verbindung zwischen Mutter und Nachwuchs stabil ist, wieder zu den anderen stoßen. »Das Ablecken der Neugeborenen,

Flachland-gorillas: Im Freiland ist Lebensraum weitgehend zerstört.

Beim zweiten Versuch hat es geklappt: Nachwuchs bei den Asiatischen Löwen

die Mutter-Kind-Bindung, das ist genetisch festgelegt. Aber wie das Kind gewärmt und gesäugt wird, dass muss jedes Individuum selbst lernen. Das ist bei allen höheren Säugetieren so. Deshalb geht es bei Erstgebärenden oft schief.« So bedauerlich es war, dass gerade bei den seltenen Asiatischen Löwen der erste Zuchtversuch nicht geklappt hat, bleibt Encke entspannt und zuversichtlich. »Wir waren auf so etwas vorbereitet und es war klar, sie darf gegebenenfalls ihre Jungen auffressen. Es ist ihr natürliches Verhalten.« Die Öffentlichkeit wurde schnell und umfassend informiert. Inzwischen hat dieselbe Löwin ein zweites Mal Nachwuchs bekommen und die Aufzucht verläuft problemlos.

Raubtiere sind keine Vegetarier und brauchen regelmäßig frisches Fleisch. Statt es am Schlachthof zu kaufen, werden in Nürnberg schon seit 1998 überzählige Tiere direkt verfüttert. Auch diese Maßnahme wurde von Anfang an systematisch geplant und der Öffentlichkeit vermittelt. »Wir haben Hintergrundgespräche geführt mit Journalisten und Politikern. Gemeinsam mit den dänischen Kollegen, die hier Vorreiter waren, ziehen wir mit Vorträgen durch ganz Europa. Wir machen das seit 25 Jahren, sehr ruhig, aber sehr gezielt.« Aber welche Tiere werden verfüttert? Kleintiere wie Mäuse, aber auch Ziegen und grundsätzlich alle Huftiere, deren Fleisch von Menschen gegessen wird.

Welche gesetzlichen Grundlagen gibt es überhaupt, die das Töten von Tieren erlauben? Da ist zunächst die tiermedizinische Indikation, zum Beispiel wenn ein Hund eingeschläfert wird, um ihn von seinem Leiden zu erlösen. Weitere legale Optionen sind das Töten für unsere Ernährung, die waidgerechte Jagd und Fischerei, die Abwehr von Gefahren und die Tierseuchen- und Schädlingsbekämpfung. Das sind fünf definierte Kriterien. Dag Encke wünscht sich einen gesetzlich abgesicherten sechsten Grund: die biologische Indikation. Dabei geht es zum Beispiel um Tiere, die im Rahmen eines Artenschutzprogramms gehalten, für die weitere Zucht aber nicht mehr gebraucht werden, weil sie zu alt sind oder weil sie ihre Gene schon zu oft weitergegeben haben. Zunächst wird natürlich ein Platz in anderen Zoos gesucht. Da die Zahl der schutzbedürftigen Tierarten aber ständig zunimmt, wird der Platz in den Zoos immer kostbarer. Dürfen solche Tiere notfalls getötet werden, weil sie einem anderen Tier, das konkret für die Arterhaltung wichtiger ist, den Platz wegnehmen? Was ist in letzter Konsequenz wichtiger, das Leben eines Individuums oder das Überleben einer ganzen Art? Bei dieser weltweit geführten Debatte geht es vor allem um die ethische Fragestellung. Encke verweist hierzu auf die Tierrechtsphilosophie, die seit den 1970er-Jahren viel Zuspruch gefunden hat. Sie stützt sich auf Beobachtungen wie zum Beispiel von Jane Goodall, die nachweisen konnte, dass auch Schimpansen in der Lage sind, Werkzeuge zu entwickeln und zu benutzen. Damit wurde die bis dahin scheinbar klare Grenze zwischen Mensch und Tier infrage gestellt. Der australische Philosoph Peter Singer entwickelte 1975 die These, dass Tiere genauso eine Würde haben wie wir und eine Unterscheidung zwischen Mensch und Tier uns gar nicht mehr zusteht. Daraus leitet sich ab, dass wir letztlich keine Verfügungsgewalt über Tiere haben und das wiederum liefert in letzter Konsequenz eine der Begründungen für die vegane Ernährung. »In meinen Augen ist die Tierrechtsphilosophie ein Ansatz, der vor allem dem moralischen Wohlbefinden der Menschen entgegenkommt. Je weiter sich der Mensch im täglichen Leben vom Tier entfernt, um so romantischer wird sein Bild von der Natur.« Das Töten von Tieren verträgt sich schlecht mit diesem Gefühl. Das führt mitunter zu so extremen Aussagen wie: Es wäre besser, bedrohte Tierarten »in Würde aussterben zu lassen«. Also lieber Orang-Utans von Wilderern erschießen oder bei Urwaldrodungen verbrennen lassen als in einem Zoo vor dem Verschwinden schützen? Ein krasserer Gegensatz zum Artenschutzgedanken ist kaum möglich. Jane Goodall, auf deren Beobachtungen die Tierrechtsphilosophie wie oben erwähnt indirekt aufsetzt, vertritt dazu eine andere Position. Bei einem Besuch im Prager Zoo sagte sie: »Könnte ich wählen, würde ich als Schimpanse lieber in einem modernen Zoo als in der Wildbahn leben.«[4] Eine Lö-

4 Zitiert nach: www.facebook.com/dieProZooSeite/posts/jane-goodall-bei-den-gorillasim-zoo-pragdie-weltbekannte-primatenexpertin-natur-/1492758337420528/ [zuletzt geöffnet am 12.2.2024]

sung dieses Konflikts sieht Encke ausschließlich in der gesellschaftlichen Diskussion, die es weiter intensiv zu führen gilt. Er verweist darauf, dass in Nationalparks und Naturschutzgebieten weltweit Tiere getötet werden, die den Bestand anderer, bedrohter Tierarten gefährden. In Neuseeland wurden massenhaft Possums, Ratten und Hermeline getötet, weil die die letzten lebenden Kiwis auszurotten drohten. In Botswana wird wieder jedes Jahr eine bestimmte Zahl an Elefanten zum Abschuss freigegeben. Dort gibt es so viele Elefanten, dass sie durch ihren hohen Nahrungsbedarf den Lebensraum für sich und andere Tierarten zerstören. Juristisch besteht ein Graubereich zwischen dem, was zum Beispiel in Nationalparks praktiziert und was in Zoos juristisch erlaubt ist. Dag Encke möchte Klarheit und bekennt sich zu einer Ethik der Verantwortung. »In der Abwägung von Gütern muss man auch bereit sein, Schuld auf sich zu nehmen. Konkret: Wenn ich eine Art retten will, muss ich auch den Tod einzelner Individuen verantworten, wenn ich nur damit das höhere Ziel erreichen kann.«[5]

Erleben und entdecken – Katharina Rippl, Tierpflegerin

Katharina Rippl

Damals war sie 18 Jahre alt und erst in der Ausbildung zur Tierpflegerin. Sie hatte Wochenenddienst und war allein, als die Feuerwehr mit großem Getöse im Hofer Zoo vorfuhr. Eine Gruppe von Feuerwehrleuten stand sensationshungrig vor ihr. Sie hatten eine Schlange gefangen und in einer Kiste mitgebracht. Niemand wusste, was für eine, und Katharina Rippl sollte sie in Gewahrsam nehmen. »Eins hatte ich in meiner Ausbildung bis dahin schon gelernt: nicht lange fackeln, sondern an-

5 Im Februar 2024 wurde das Thema aktuell, als Dag Encke den Nürnberger Stadtrat darüber informierte, dass möglicherweise einige Guinea-Paviane getötet werden müssten. Die Nürnberger Gruppe war zu groß geworden für die Anlage. In der Folge kam es zu heftigen Konflikten unter den Affen, teils mit tödlichem Ausgang. Eine Abgabe an andere Zoos konnte zunächst nicht realisiert werden, eine Auswilderung war wegen des schwindenden Lebensraums in der Heimat der Tiere keine Option. Bei Redaktionsschluss gab es noch keine endgültige Entscheidung.

packen. Ich hab sie einfach aus der Kiste in ein Terrarium reingeschüttelt, ohne irgendwelche Sicherheitsmaßnahmen. Das war nicht in Ordnung, denn es hätte ja eine gefährliche Giftschlange sein können.« Aber alles ging gut und die Schlange wurde später als harmlose Kornnatter bestimmt.

Inzwischen sind sieben Jahre vergangen, Katharina Rippl ist Tierpflegerin im Tiergarten Nürnberg und kurz vor der Meisterprüfung. Hier hatte sie sich um eine Lehrstelle beworben, aber geklappt hatte es zunächst in Hof. Aufgewachsen ist sie in der Fränkischen Schweiz, wo sie heute noch wohnt. Ihr Motto war immer: »Hauptsache draußen, was erleben und entdecken.« Ihre Freizeit verbrachte sie auf einem Pferdehof und praktizierte bei einem Wanderzirkus. »Die Faszination für Tiere war schon immer da bei mir.« Nach Abschluss der Lehre versuchte sie sich an der Universität im Fach Biologie, stellte aber schnell fest, dass ihr das zu akademisch, »zu verkopft und ganz weit weg von der Praxis« war. 2016 klappte es dann doch und sie erhielt eine Stelle als Tierpflegerin in Nürnberg.

Das Revier, das sie sich mit zehn Kolleginnen und Kollegen im Schichtdienst teilt, ist eines der größten und vielfältigsten im Nürnberger Zoo.

Katharina Rip trainiert tägli mit den Seelöwen.

Es umfasst Robben, Eisbären, Pinguine, Fischotter, Greifvögel, Geparden, Rote Pandas, Tapire, Hirscheber, Trampeltiere, Wildpferde und Kraniche. Alle im Team müssen mit allen Tierarten gut klarkommen, aber natürlich bilden sich auch hier Vorlieben und Spezialisierungen heraus. Katharina arbeitet besonders gern mit den Schabrackentapiren, den Seelöwen und Seehunden. Ihr Lieblingsplatz ist auf der Insel im Wasserbecken. Dort werden die Robben gefüttert und trainiert. Bevor es soweit ist, muss das Futter erst mal hergerichtet werden. Rund 75 Kilo Fisch werden dafür jeden Tag aufgetaut und gewaschen. »Danach riechen Haare und Kleidung nach Fisch. Das kriegt man nicht mehr raus.« Rund 15 Kilo wiegen die vollen Eimer, mit denen sie dann auf die Insel rausgeht. Tierpfleger ist ein körperlich anstrengender Beruf. »Da hat man schnell mal dickere Oberarme als der Partner.«

Die Robben erkennen sofort, worum es geht, und fokussieren jede Bewegung von Katharina. Sie verteilt die Fische an einzelne Tiere und signalisiert ihnen mit den Händen, bestimmte Bewegungen zu machen. Dabei kann Katharina Flossen anfassen, den Kopf berühren oder sich die Zähne zeigen lassen. Mit einer speziellen Pfeife im Mund wird bei jeder gelungenen Übung ein akustisches Signal gegeben. Dies dient der positiven Verstärkung. Die Robben haben gelernt, den Pfiff mit Futter zu verbinden. »Er bedeutet für die Robbe, das, was du tust, ist richtig. Komm zu mir zurück und du erhältst eine Belohnung, eben einen Fisch.« Durch die Gewöhnung an diese Abläufe ist es bei Bedarf möglich, medizinische Untersuchungen durchzuführen, ohne die Tiere zu stressen.

Bei den Fütterungen muss Katharina Rippl extrem konzentriert sein. Vor allem wenn sie die Besucher gleichzeitig über die Robben informieren will. »Die reagieren unglaublich schnell, denn in der Natur sind sie darauf angewiesen, Fische zu fangen. Die wissen innerhalb von Sekunden, wer der Chef ist und ob man wirklich alles im Griff hat. Sie sind hungrig und wenn man mal nicht ganz aufmerksam ist, kegeln die den Eimer von der Insel runter.« Dann wären Fütterung und Training beendet, denn einen weiteren Eimer mit Fischen gibt es an diesem Tag nicht.

Robben sind Raubtiere und ihr Gebiss ist massiv. Das kann auch für die Pfleger gefährlich werden, wenn sie im Kontakt Warnsignale übersehen. »Man muss jedes Tier als Individuum sehen. Es sind ganz verschiedene Charaktere. Es gibt die Schüchternen und die Poltergeister, die immer volle Aufmerksamkeit fordern.« Für Besucher ist es kaum möglich, die einzelnen Robben zu unterscheiden. Katharina Rippl erkennt jedes einzelne Tier anhand des Gesichts, der Fellfarbe, des Körperbaus oder der Ausprägung der Tasthaare.

Gleich nebenan leben in Nürnberg die Eisbären. Zur Zeit sind es drei noch relativ junge Bärinnen, die hier im Rahmen eines EEPs gehalten werden und aus anderen europäischen Zoos nach Franken gekommen sind. Die Fütterung läuft ganz anders ab als bei den Robben. Ihr Gehege zu betreten wäre absolut lebensgefährlich. Mit

Fleisch, Fisch, Fett und Lebertran werden sie in einer tägliche Routine in die Innengehege gelockt. Erst wenn diese verschlossen sind, können Pfleger das Außengehege betreten, sauber machen oder etwas reparieren. Katharina Rippl betont, wie wichtig der täglich gleiche Ablauf ist, der auch hier zum Training genutzt wird. Die Bären bleiben zwar hinter starken Gittern, lernen aber, ihren Kopf oder ihre Tatzen so zu zeigen, dass zum Beispiel ein Nasen-, Mund- oder Ohrabstrich durchgeführt werden kann. Nach Fütterung und Training ziehen sie sich dann gerne in Bereiche zurück, wo sie den Blicken der Besucher entzogen sind, und ruhen sich aus. »Wenn man mit denen 15 Minuten trainiert hat, müssen die das verarbeiten. Dann ist erstmal Sendepause.«

Völlig anders gestaltet sich der Umgang mit den Schabrackentapiren. Ihre Heimat sind die Regenwälder von Indonesien. Im Gegensatz zu den Robben sind sie schüchtern und schreckhaft. Ein direkter Kontakt mit ihnen muss langsam und vorsichtig aufgebaut werden. »Die sind Pflanzenfresser, aber wenn man denen ins Maul schaut, dann sieht man richtig heftige Zähne. Wenn die in Stress geraten, dann haben die genau zwei Optionen: flüchten oder angreifen. Auch wenn sie meist einen ruhigen Eindruck machen, können die einen sehr schwer verletzen.« In manchen Zoos vermeiden die Pfle-

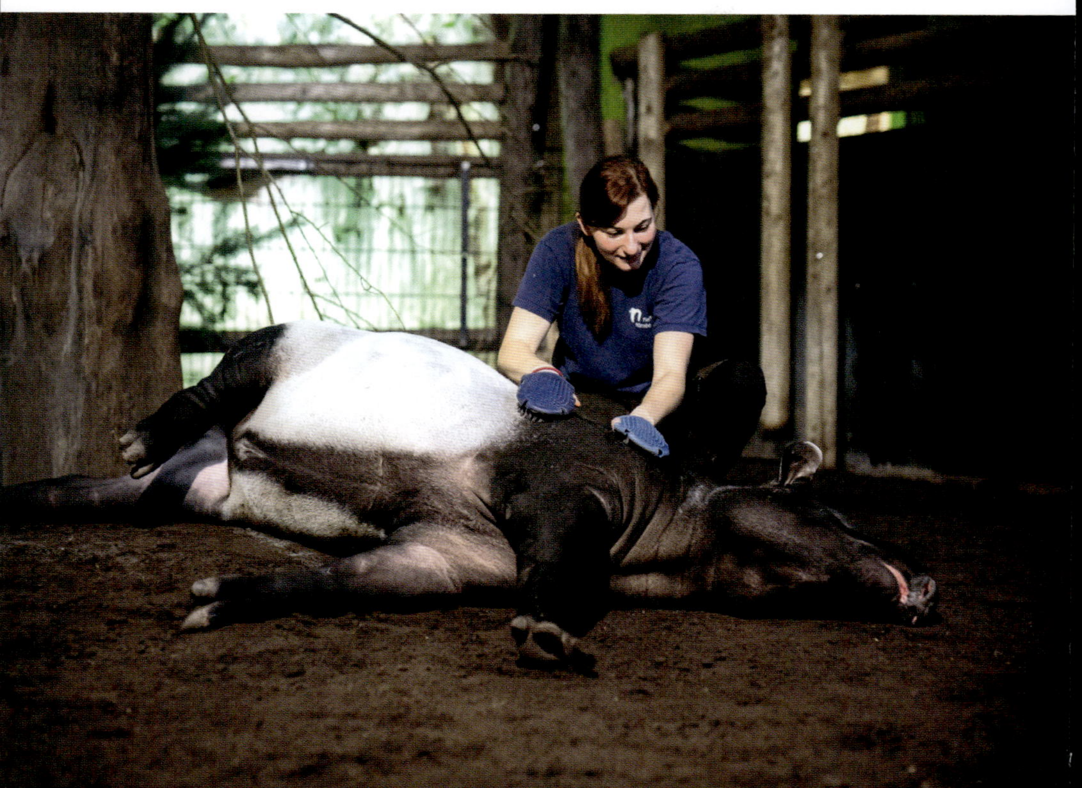

Streichelein-heit für einen Schabracken-tapir

Lohn der Arbeit: Der Bartgeier kann ausgewildert werden.

ger deshalb jeden direkten Kontakt mit den Tieren. Katharina Rippl hat ein Tapirweibchen beim Umzug von einem tschechischen Zoo nach Nürnberg begleitet und konnte dabei eine sehr gute Beziehung aufbauen. »Die mag es sehr gern, wenn man sie streichelt. und legt sich dazu sogar hin. Das macht den Kontakt sehr angenehm und erleichtert es uns, dabei auch medizinische Untersuchungen durchzuführen.«

In direkter Nachbarschaft betreut Katharina die sogenannten Hirscheber, eine Schweineart, die nur noch auf Sulawesi und einigen anderen indonesischen Inseln vorkommt. In ihrer Heimat wurden die Tiere gerne zum Verzehr gejagt und sind nun fast komplett ausgerottet. In Zoos wie Nürnberg versucht man, wieder eine Population aufzubauen. Ihr auffälligstes Merkmal sind die außergewöhnlich großen und gebogenen Hauer, die aus der Rüsseldecke herauswachsen und sie sehr gefährlich wirken lassen. Diese Zähne verursachen durch ihre besondere Form aber auch gesundheitliche Probleme, weil sie in Haut und Fleisch des Rüssels einwachsen können. Deshalb wird auch hier mit den Tieren trainiert, dass sie sich anfassen und behandeln lassen. »Da muss man in der Lage sein, auch ohne Narkose mal was an einem Zahn zu feilen oder auch eine Röntgenaufnahme zu machen. Eines der Tiere konnte sogar darauf trainiert werden, seinen Kopf freiwillig auf die Röntgenapparatur zu legen.« Diese Trainings machen besonders viel Spaß, denn die Hirscheber sind intelligent und brauchen ständig neue Anregungen.

Katharina Rippl ist glücklich in ihrem Beruf. »Ich will hier nie mehr weg. Es ist ein Beruf, wo man nie auslernt. Es gibt so viel zu erforschen und wir hinterfragen uns auch selbst täglich. Warum machen wir das so? Wärs nicht anders besser?« Deshalb hat sie sich entschieden, die Ausbildung zur Tierpflegemeisterin zu machen. Das erhöht auch ihre Chancen, später in der Tiergartenhierarchie weiter aufzurücken, zum Beispiel als Revierleiterin. Oder sie könnte sich mit entsprechender Berufserfahrung um die Leitung eines Wildparks bewerben.

Für Interessenten am Tierpflegeberuf hat sie ein paar klare Botschaften. »Die sollten in jedem Fall darüber nachdenken, dass man in diesem Beruf nicht jedes Wochenende feiern kann. Tiere müssen immer versorgt werden und das führt zu einem relativ unschönen Arbeitsrhythmus. Und oft ist man zum Ende eines Dienstes ganz einfach körperlich platt.« Und nicht bei allen hat der Beruf ein ausschließlich positives Image. Sie berichtet von einem Erlebnis während ihrer Lehrzeit, das sie tief verletzt hat. »Ich habe grad ein Wasserbecken geschrubbt, also eine ganz normale Arbeit. Da kommt ein Opa mit seinem Enkel vorbei und sagt dem: ›Schau mal, wenn du in der Schule nicht aufpasst, dann wirst du auch so was.‹ Am liebsten hätt ich gebrüllt: Das ist mein Traumjob.«

Heute wird Katharina Rippl aber belohnt für ihren Einsatz und ihre verantwortungsvolle Arbeit. Sie darf mit nach Berchtesgaden zur Auswilderung von zwei Bartgeiern. Über einen Zeitraum von zehn Jahren werden in einer gemeinsamen Aktion des Landesbundes für Vogelschutz und des Nationalparks Berchtesgaden jeweils zwei junge Bartgeier ausgewildert. Der Tiergarten Nürnberg ist Partner und hat ein Brutpaar, das schon mehrfach erfolgreich Nachwuchs aufgezogen hat. Leider waren die eigenen Eier in diesem Jahr nicht verwertbar und man versuchte, dem Paar ein junges Küken aus Österreich unterzuschieben. »Ich war dabei und durfte den kleinen Wastl, nicht größer als ein Entenküken, ins Nest reinsetzen. Entweder die nehmen ihn an, oder sie schmeißen ihn aus dem Nest, weil er anders riecht. Aber sie haben sich sofort gekümmert.« Zwei Monate später ist aus dem Küken ein großer Vogel geworden, der mit einem zweiten Jungtier, kurz bevor er flügge ist, in einer Felsnische in den Berchtesgadener Alpen ausgewildert werden wird. Katharina darf den jungen Bartgeier auf der Fahrt begleiten und ihn dann unter großer Medienpräsenz den Bergsteigern übergeben, die ihn in seine neue Heimat bringen werden. Darauf freut sie sich und will diesen Moment einfach nur genießen.

Der schwierige Weg zurück – Auswilderungsprojekte

Im Magen von Ötzi, der 1991 in den Ötztaler Alpen gefundenen Mumie, haben Wissenschaftler Überreste von Steinbockfleisch gefunden. Vermutlich waren diese Tiere vor über 5000 Jahren sehr zahlreich in den Alpen, im 19. Jahrhundert waren sie beinahe ausgerottet. Lediglich im italienischen Gran-Paradiso-Nationalpark hatten etwa 100 überlebt. Heute leben nach Angaben der Weltnaturschutzunion (IUCN) wieder 53 000 Tiere im gesamten Alpenraum. Ein großartiger Erfolg, der vor allem auf die Nachzucht in Zoos und bei privaten Haltern sowie gezielte, wissenschaftlich begleitete Auswilderungsaktionen zurückzuführen ist. Seit den 1960er-Jahren hält der Tiergarten Nürnberg Alpensteinböcke und hat sich mit 30 Nachzuchten an Auswilderungsprojekten in Österreich beteiligt.

Die Auswilderungsaktion selbst ist nur ein kleiner Baustein bei solchen Projekten. Voraussetzung ist zunächst der Aufbau einer ausreichend großen Population, die möglichst wenig direkten Kontakt mit Menschen hat. Daneben muss eine geeignete Region gefunden werden, die dauerhaft Voraussetzungen für eine Wiederansiedlung bietet. Und schließlich braucht es eine langfristige und intensive wissenschaftliche Begleitung, um festzustellen, ob das Projekt erfolgreich ist und welche Lehren man für die nächste Aktion daraus ziehen kann.

Der Tiergarten Nürnberg ist an insgesamt sechs Auswilderungsprojekten beteiligt. Neben dem Alpensteinbock sind das der Waldrapp, die Sumpfschildkröte, der Uralkauz, der Bartgeier und der Europäische Ziesel, ein kleines Nagetier aus der Familie der Hörnchen. Insgesamt 110 Ziesel wurden seit 2014 für die Auswilderung in Tschechien bereitgestellt. Ziel dieser Aktion ist es, die verbliebenen kleinen Kolonien zahlenmäßig und genetisch zu stärken. Damit soll der Bestand stabilisiert werden und es besteht die Hoffnung, dass die Ziesel von dort aus wieder ins Erzgebirge nach Deutschland einwandern, wo sie seit den 1980er-Jahren ausgestorben sind. Die Wiederansiedelung einer so kleinen und eher unscheinbaren Tierart ist nur ein Mosaiksteinchen im Ökosystem, für den natürlichen Kreislauf aber gleichbedeutend mit der Rückkehr einer ikonischen Tierart wie dem Steinbock. Da die Ziesel in der Nahrungskette weit unten stehen und häufig gefressen werden, muss die Aktion mit relativ vielen Tieren über mehrere Jahre durchgeführt werden.

Der Uralkauz war bis in die 1920er-Jahre im Bayerischen Wald und Tschechien vertreten. Die starke Bejagung führte dort zu seiner Ausrottung. Seit den 1970er-Jahren gibt es verschiedene Wiederansiedlungsprojekte. Seit vier Jahren beteiligt sich der Tiergarten Nürnberg an der Auswilderung des Uralkauzes in seinem direkten Umfeld, der Metropolregion Nürnberg.

Auswilderungsprojekte im Tiergarten Nürnberg: Alpensteinbock, Europäisches Ziesel, Uralkauz oder Habichtskauz, Bartgeier, Sumpfschildkröte, Waldrapp

Besonders viel Aufmerksamkeit erfahren die Auswilderungsaktionen von Bartgeiern in Berchtesgaden. Dies ist ein gemeinsames Projekt des Tiergartens Nürnberg mit dem Landesbund für Vogel- und Naturschutz (LBV), dem Nationalpark Berchtesgaden und der internationalen Vulture Conservation Foundation (VCF). Seit über 100 Jahren waren diese Greifvögel in den Alpen ausgerottet. Mit einer Spannweite von 2,90 Metern gehören sie zu den größten flugfähigen Vögeln der Welt. Seit 1997 vermehren sie sich wieder in den West- und Zentralalpen. Der Nationalpark Berchtesgaden gilt als besonders aussichtsreich für eine langfristige Wiederansiedelung im Bereich der Ostalpen. Erstmals 1921 konnte sich der Tiergarten über einen Zuchterfolg bei den Sumpfschildkröten freuen. Zwei Jahre später wurden drei davon im Rahmen einer gemeinsamen Aktion der AG Sumpfschildkröte mit dem Nürnberger Tiergarten, dem Zoo Augsburg und dem Opel-Zoo Kronberg in einem hessischen Naturschutzgebiet ausgewildert. Mit kleinen Transpondern von der Größe eines Stecknadelkopfes wurden die Tiere markiert, um ein dauerhaftes Monitoring zu ermöglichen. So kann verfolgt werden, welche Wege die Tiere zurücklegen und wie sie sich entwickeln. Seit 1999 wurden insgesamt rund 700 Schildkröten in hessischen Schutzgebieten ausgewildert und es konnte nachgewiesen werden, dass sie sich in den Projektgebieten auch vermehrt haben. Die zunehmend trockenen Sommer grenzen ihre potenziellen Lebensräume allerdings deutlich ein.

Mit insgesamt zehn gezüchteten Waldrappen unterstützt der Tiergarten seit 2018 ein Wiederansiedlungsprojekt in Spanien. Die markanten schwarzen Vögel mit langem rotem Schnabel gehören in die Familie der Ibisse und wurden so stark bejagt, dass sie im 17. Jahrhundert in Mitteleuropa ausgerottet waren. Inzwischen gibt es neben Südspanien noch kleine Kolonien in Marokko und im Alpenraum. Der Waldrapp gilt nach wie vor als stark gefährdet (siehe S. 190).

Vom Nationalpark zum Tierpark – Max Reinhard, Abteilungsleiter

Markantes, gebräuntes Gesicht, breitkrempiger Hut, olivgrünes Hemd, Shorts. Ein Bild von einem erfahrenen Safariguide, bereit für die nächste Pirschfahrt. Aber zwei Details stimmen nicht. Das Fahrzeug ist kein Landcruiser mit neun Sitzplätzen, sondern ein Golfcart, und die Szene spielt nicht in Afrika, sondern im Tiergarten Nürnberg. Max Reinhard ist Abteilungsleiter und zuständig für die rund 70 Tierpflegerinnen und Tierpfleger. Er nutzt das kleine Elektrofahrzeug für die weiten Wege im 65 Hektar großen Tiergarten.

Max Reinhard

Als Kind hatte er nie etwas mit Tieren zu tun. Aber als er im Fernsehprogramm des Bayerischen Rundfunks gelegentlich Berichte aus dem Münchner Tierpark Hellabrunn gesehen hatte, stand für ihn fest: »Das will ich machen.« 1979 konnte er seine Lehre als Tierpfleger dann auch gleich in Hellabrunn beginnen. Danach zog es ihn erst mal wieder in seine Heimat Bamberg, wo er einige Jahre für Labortiere zuständig war. Anschließend leitete er ein Tierheim, dann folgten Stationen im Tiergarten am Schmausenbuck und im Nationalpark Bayerischer Wald. Seit 14 Jahren ist er für die Tierpflege in Nürnberg zuständig. Mit dem gelernten Beruf habe das nicht mehr viel zu tun, meint er und fühlt sich inzwischen eher als »Menschenpfleger«.

Früher galten Tierpfleger mitunter als Sonderlinge, berichtet er, die sich von anderen Menschen enttäuscht zurückzogen und ganz den Tieren widmeten. Der Kontakt mit Besuchern wurde nicht nur nicht gesucht, sondern verweigert. Die heutige Generation zeigt sich ganz anders. »Das Berufsbild heute wird viel offener gelebt. Die Pfleger wollen beraten, vor allem in Sachen Artenschutz, kommentieren bei Fütterungen und gehen auf die Besucher zu.«

In diesem Zusammenhang ist es Max Reinhard wichtig, mit einem Vorurteil aufzuräumen. Mit einer Ausbildung zum Tierpfleger kann man ja nicht nur in Zoos arbeiten. Die Qualifikation ist genauso gefragt in Tierkliniken, Zuchtbetrieben, Tierheimen und Forschungseinrichtungen. Manche würden dabei die Arbeit im Tierlabor als geringwertig und den Beruf des Zootierpflegers als höherwertig ansehen. Das sei eine völlig falsche Einschätzung. »Man muss Freude an der oft auch körperlichen Arbeit haben und gerne Tiere beobachten. Ob das Stallhasen sind oder Robben, wie verhalten die sich? Es muss einen freuen, wenn man die dann auch noch pflegen und versorgen darf. Man machts nicht wegen der Entlohnung oder wegen der Arbeitszeit. Der Umgang mit den Tieren muss einem wichtig sein. Ob ich dann letztlich in einem Tierheim bin, einem Reitstall, im Tierversuch oder im Zoo, ist egal.«

Der Fachkräftemangel macht den Zoos zu schaffen. Auch wenn das Berufsimage positiv besetzt ist, stellen die Arbeitszeiten und regelmäßige Wochenendeinsätze für viele eine hohe Hürde dar. In den Sommermonaten gilt in Nürnberg eine Regelarbeitszeit von 8,45 Stunden. Mit größeren Pausen ist die verteilt auf den Zeitraum von 7.30 bis 18.00 Uhr. Im Winter wird eine Stunde weniger gearbeitet. Das passt kaum noch zu den Vorstellungen einer Work-Life-Balance, wie sie viele junge Menschen haben. In München probiere man andere Modelle, erklärt Max Reinhard. »Da fangen 90 Prozent der Leute um 6 Uhr an und gehen um halb 3 heim.« Dort wurde inzwischen aber auch eine ergänzende zweite Schicht eingeführt, die erst nachmittags beginnt. Die kostet natürlich auch zusätzlich.

Die Zeit im Nationalpark Bayerischer Wald hat Max Reinhard in ganz besonderer Weise geprägt. 16 Jahre hat er dort gearbeitet. »Primär war meine Aufgabe Tierpfleger in einem Großgehege. Aber für mich waren das viel umfassendere Erfahrungen. Ich bin dort mit der ganzen Philosophie ›Natur Natur sein lassen‹ in Berührung gekommen. Das hat mein Bild vom Wald sehr verändert. Und das vertrete ich auch heute noch, wenn es zum Beispiel um Neupflanzungen wegen des Klimawandels geht.«

Max Reinhard ist jetzt 62 Jahre alt. Er hat vom Lehrling bis zum Chef in unterschiedlichsten Einrichtungen alle Facetten des Tierpflegerberufs kennengelernt. Welche Tätigkeit hat ihn dabei am meisten zufrieden gemacht? »Es gibt natürlich viele Sachen, die einem in 40 Jahren im Beruf zufrieden machen. Gern denke ich zum Beispiel an meine Zeit als Pfleger bei Wildeseln. Wenn man am Abend das Futter vorbereitet hat und dann kommen die Tiere rein in den Stall, mümmeln ihr Heu. Man geht die Stallgasse auf und ab, schaut sich die Tiere an und hat den Eindruck, dass sie sich wohl und geborgen fühlen. Dann versteht man die eigene Arbeitsleistung als Befriedigung und auch als Lob.«

Somali-Wildesel sind Wüstenbewohner und sehr stark bedroht.

Naturunterricht auf dem Gutshof – Barbara Reinhard, Zoopädagogin

Das Gut Mittelbüg liegt einige Kilometer östlich von Nürnberg. Seit 1921 gehört es der Stadt Nürnberg und seit rund 50 Jahren wird es vom Tiergarten bewirtschaftet. Zusammen mit den gepachteten Flächen wird auf rund 90 Hektar vorwiegend Futter für die Zootiere produziert. Zwischen Mai und Oktober werden täglich 1,5 Tonnen Grünfutter gemäht. Futterrüben und Getreide werden als Winterfutter angebaut, das Stroh wird als Einstreu genutzt. Die Knollen der Topinamburpflanze dienen der Beschäftigung vieler Zootiere und für die Roten Pandas wird Bambus geerntet. Aber das Gut Mittelbüg ist nicht nur ein landwirtschaftlicher Betrieb, sondern auch eine wichtige Bildungseinrichtung.

Barbara Reinhard ist eine von zwei Zoopädagogen im Nürnberger Tiergarten. Seit rund 25 Jahren ist sie in der Zoopädagogik aktiv. Während sich ihr Kollege vor allem um die klassischen Bildungsangebote einer Zooschule im Tiergarten kümmert, liegt ihr Aufgabenbereich in der Konzeption neuer Angebote. Daraus entstand auch die Idee, das Gut als Lernort zu nutzen. Hier hat man ausreichend Platz und Ruhe, um mit Kindern Themen direkt erlebbar zu machen. Es gibt Hühner, Hasen, Schafe, Esel, Ziegen und auch einen Schulacker. Das pädagogische Prinzip der »originalen Begegnung« kann hier gelebt werden. »Da gibt es zum Beispiel ein Tischchen mit verschiedenen Getreidearten und getrockneten Mehlwürmern. Jedes Kind darf sich davon was in ein Eimerchen nehmen und dann spricht man darüber, was ein Huhn eben frisst. Wie unterscheidet man die Körner von Hafer, Weizen oder Mais? Danach kann man erklären, dass Hühner keine Zähne haben und deshalb Steinchen im Magen brauchen. Also nimmt sich jedes Kind noch eine Prise Steinchen in seinen Eimer und darf ein Huhn füttern. Viele Kinder haben erst Bedenken, dass ihnen das Huhn in die Hand pickt. Deshalb bekommen die Kinder kleine Siebe, die zunächst als verlängerter Arm dienen. Wenn die Hühner dann aus dem Sieb fressen, kommt bald der Mut, das Futter auch auf der Handfläche anzubieten.« In ganz kleinen Schritten wird so Wissen erlebbar gemacht, wie es für den Großteil der Kinder heute weder im Alltag noch in der Schule möglich wäre.

Dabei soll keine heile Tierwelt vorgespielt werden. Tierhaltung und Tierwohl werden thematisiert und auch die Rolle, die wir Konsumenten beim Kauf von Fleisch und anderen tierischen Produkten haben.

Barbara Reinhard ist eine »waschechte Nürnbergerin«. Erste umweltpädagogische Erfahrungen sammelte sie nach dem Abitur auf Sylt im Nationalpark Wattenmeer. Besonders geprägt hat sie aber die Zeit im Nationalpark Bayerischer Wald. Dort konnte sie als Waldführerin arbeiten. Das Prinzip »Natur Natur sein lassen« hat sie genauso überzeugt wie ihren Mann Max Reinhard. Die Ausbildung als Tierpflegerin hatte sie bereits abgeschlossen und studierte daneben für das Lehramt an Hauptschulen mit dem Schwerpunkt Biologie. Seit 2005 ist sie als Pädagogin im Tiergarten Nürnberg angestellt nachdem sie vorher als freie Mitarbeiterin in der Zoopädagogik tätig war.

Der Tiergarten Nürnberg bietet seit 2004 ein »Freiwilliges Ökologisches Jahr« (FÖJ) an. Mittlerweile sind regelmäßig FÖJ-Stellen im Bereich der Zoopädagogik etabliert. Dabei werden Kenntnisse in der Tierpflege erworben, vor allem aber in der pädagogischen Vermittlung von Naturwissen. Das Gut Mittelbüg ist seit 2013 als biologische Landwirtschaft zertifiziert und verwendet deshalb keinerlei Kunstdünger. Der komplette Mist der Pflanzenfresser und Raubtiere aus dem Tiergarten wird zum Gut gebracht und reift im Verlauf von etwa zwei Jahren zu Humus und organischem Dünger. Das ist

Vorsichtige Annäherung

ein bereits realisierter Teil der geplanten Kreislaufwirtschaft (siehe S. 75), die den Zoo klimaneutral machen soll.

Der Unterricht im »Blauen Klassenzimmer« ist ein weiteres Projekt, das Barbara Reinhard konzipiert hat. Ausgehend von ihrer Erfahrung als Tierpflegerin bei den Delfinen und ihrer Abschlussarbeit zum Studium hat sie Unterrichtseinheiten entwickelt, die im sogenannten Blauen Salon durchgeführt werden. Dort kann man Delfine, Seekühe und Seelöwen unter Wasser erleben. Besonders beliebt sind die Übernachtungen. In 24 Stunden kann man komplett in die Welt dieser Wassertiere eintauchen und sie mit allen Sinnen erleben. Wenn dann morgens die Sonnenstrahlen durchs Wasser nach unten kommen und sich die ersten Seelöwen und Delfine zeigen, dann wird das Erlebnis sehr emotional.

Barbara Reinhard und ihr Mann, der für die Tierpfleger zuständige Abteilungsleiter Max Reinhard, wohnen auf Gut Mittelbüg. Ihre siebenjährigen Zwillingstöchter wachsen in engem Kontakt mit Tieren und der Natur auf. Gerade deshalb versteht sie die Zoopädagogik als Hilfe gegen die, wie sie sagt, »Displayisierung« vieler Kinder, die Natur oft nur noch über Bildschirme erfahren.

Im »Blauen Klassenzimmer«

Öffentlichkeitsarbeit als Bildungsarbeit – Anna Böhm, Pressesprecherin

Anna Böhm

»Polyglotte Politikwissenschaftlerin, Journalistin, Autorin, Mutter, Mensch. Mit Vergnügen und Engagement Teil der Natur, ohne die wir alle alt aussähen.« So beschreibt sich Anna Böhm in ihrem beruflichen sozialen Netzwerk. Naturverbunden aufgewachsen in Franken, hat sie sich wie ihr Chef, Direktor Dag Encke, schon als Schülerin für Politik interessiert. »Wie ist die Weltordnung zusammengesetzt? Welche Zusammenhänge gibt es zwischen dem globalen Norden und Süden? Da war das Politikstudium die logische Folge.«

Ein Auslandssemester führte sie nach Bolivien und ein Praktikum gleich im Anschluss nach Brasilien zu einem Projekt, das sich um Mitglieder indigener Völker kümmerte, die aus ihrer Heimat in die Stadt gezogen waren und um die Bewahrung ihrer kulturellen Identität kämpften. Ein Stipendium beim damaligen Deutschen Entwicklungsdienst (DED), heute Gesellschaft für Internationale Zusammenarbeit (GIZ), in der Pressestelle in Brasília folgte gleich nach dem Studium. Zurück in Deutschland arbeitete sie als freie Journalistin unter anderem für die Nürnberger Nachrichten, absolvierte berufsbegleitend ein Fernstudium Journalismus und wurde Mutter von zwei Kindern. Die Stellenausschreibung als Pressesprecherin des Tiergartens Nürnberg passte dann genau. »Ich wollte etwas tun, was Sinn macht. Ich habe die gesellschaftliche Relevanz der Zoos gesehen und war sauer, dass die Dringlichkeit der Themen Artenschutz, Klimaschutz, Naturschutz nicht in der Öffentlichkeit angekommen war. Über den Tiergarten sah ich die Chance, diese Themen zu vermitteln.«

Seit November 2021 ist sie nun für die Öffentlichkeitsarbeit zuständig und es fehlt nicht an spannenden Aufgaben. Begeistert beschreibt sie das Projekt Klimaneutraler Tiergarten Nürnberg, das unter der Leitung des Direktors mit der Stadt entwickelt wurde. Mit einer sogenannten Kreislaufwirtschaft soll die Klimaneutralität schrittweise erreicht und die Energieversorgung des Zoos auch in Notsituationen gesichert werden. Folgende Bausteine werden dabei vernetzt: Gebäudesanierung und Stromerzeugung über Photovoltaik, Umstellung des Fuhrparks auf HVO-Diesel, der aus Speiseölresten produziert wird, die Verwertung von Restholz aus der städtischen Forstwirtschaft zur Energiegewinnung in der Hackschnitzelanlage, Blockheizkraftwerke zur Einspeisung in ein Nahwärmenetz, die regionale Futterproduktion in der eigenen biologischen Landwirtschaft im Gut Mittelbüg und schließlich eine Pyrolyseanlage zur dauerhaften Bindung von Kohlenstoff. Die Vermittlung dieses ambitionierten Projekts dürfte dem Tiergarten viel positive Aufmerksamkeit sichern.

Schwieriger ist es bei anderen Themen wie zum Beispiel der Kastration der Gorillas (siehe S. 57). Den Schlüssel für eine geglückte Vermittlung sieht sie in der nachvollziehbaren Entscheidungsfindung. Die Haltung ihres Chefs, dass alles, was im Tiergarten passiert, auch so kommunizierbar sein muss, ist dafür die Basis. »In solchen Fällen wird eine Tierschutzkommission eingesetzt. Dort diskutieren interne und externe Tierärzte, Pfleger und Kuratoren mit der Leitung die jeweilige Situation und das Vorgehen. Die Öffentlichkeitsarbeit ist eingebunden und so bekommen wir sehr genau mit, wie eine Entscheidung entsteht und mit welchen Argumenten sie begründet ist. Dann hat man eine sehr gute Chance, der Öffentlichkeit das so zu vermitteln, dass es verstanden und akzeptiert werden kann.«

Diese offene Kommunikation auch kontroverser Themen hat in Nürnberg bereits eine lange Tradition. Seit 1998 wird das Publikum offensiv darüber informiert, dass die Raubtiere auch mit Tieren aus dem eigenen Bestand

Ganzkörperfütterung be den Löwen

gefüttert werden. Immer wieder wurde das vorgestellt und nachvollziehbar erklärt. So sind über die Jahre hinweg in der Bevölkerung ein Grundwissen und auch ein Vertrauen in das Vorgehen des Tiergartens entstanden. Das schafft eine grundsätzliche Offenheit in der gesellschaftlichen Diskussion, wenn es um viel weitergehende Entwicklungen geht. »Wir sind ein sehr politischer Zoo. Wir sehen eine gesellschaftliche Relevanz in dem, was wir tun. Die Entscheidungen, die wir treffen, sind nicht nur Entscheidungen für die Zoowelt. Wenn es in Zoos zum Beispiel ein Platzproblem für einzelne Tiere einer bedrohten Art gibt, dann lösen wir das nicht, indem wir die Tiere nehmen und in einen Nationalpark setzen. Denn dort gibt es auch Platzprobleme. Der Grund ist die menschliche Omnipräsenz mit allem, was damit zusammenhängt.«

Anna Böhm liebt diese Dimension ihrer Arbeit. Für sie ist Öffentlichkeit nicht in erster Linie Marketing, sondern vor allem Aufklärung und Bildungsarbeit. Da liegt sie eindeutig auf einer Linie mit ihrem Direktor. Bisher hat sich die gut ausgebildete, viersprachige Journalistin nach rund drei Jahren immer wieder eine neue Herausforderung gesucht. Wenn man sie in ihrer Arbeit erlebt, darf man annehmen, dass sich der Tiergarten und Anna Böhm für eine langfristige und engagierte Zusammenarbeit gefunden haben.

Volle Unterstützung – Anja Prölß-Kammerer, Tiergartenfreunde Nürnberg

Anja Prölß-Kammerer

Ihr Onkel war von 1972 bis 1996 Bürgermeister in Nürnberg und der Vater arbeitete im Presseamt der Stadt. »Und als Kind habe ich immer mitbekommen, wie die dann Termine im Tiergarten hatten. Und damals hat man ja wirklich noch die neuen Tiere auf den Arm genommen. Dann gab es ein Foto und ich war immer neidisch. Aber dadurch war ich auch oft im Tiergarten. Später bin ich dann in den Stadtrat gewählt worden und war im Kulturausschuss. Und da wird eben auch der Tiergarten behandelt. So kam ich schließlich zu den Tiergartenfreunden.«

Dr. Anja Prölß-Kammerer arbeitet heute für den Kreisjugendring Nürnberg.Stadt und ist Leiterin von »DoKuPäd – Pädagogik rund um das Dokumentationszentrum Reichsparteitagsgelände«. Derzeit ist sie Erste Vorsitzende des Vereins der Tiergartenfreunde Nürnberg. Eine enge familiäre Bindung, oft über Generationen hinweg, ist typisch für viele Unterstützer des Tiergartens in Nürnberg. Rund 5000 Mitgliedschaften sind dort registriert. Dahinter stehen geschätzt 10 000 Einzelpersonen, denn viele Mitgliedschaften sind für Familien ausgestellt. Kein anderer bayerischer Zoo verfügt über eine derart große organisierte Unterstützergemeinschaft. Auch in Nürnberg selbst gehören die Tiergartenfreunde neben den Altstadtfreunden zu den größten bürgerschaftlichen Initiativen. Rein am geldwerten Vorteil einer Mitgliedschaft kann es nicht liegen. Eine Familientageskarte kostet an der Kasse 45 Euro. Eine Familienmitgliedschaft mit freiem Eintritt kostet 190 Euro im Jahr. Da muss man schon fünf Mal jährlich in den Tiergarten gehen, damit sich das rein finanziell rentiert.

Die kluge Entscheidung der Tiergartengründer im Jahr 1939, einen großräumigen Landschaftszoo zu errichten, könnte zumindest eine Basis für diese enge Verbindung gelegt haben. Dieser Landschaftscharakter wird bis heute gepflegt. Auch an besucherstarken Tagen kann man das lebhafte Treiben im Eingangsbereich schnell hinter sich lassen und in der Weite des Parks Natur und Tiere genießen.

Auch die Tiergartenfreunde sehen im Zoo immer stärker eine Bildungseinrichtung für die Zusammenhänge in der Natur. »Das ist in einer Großstadt nötiger denn je. Es ist ganz wichtig, dass wir vermitteln, wie Natur, Artenschutz und Klimaveränderung zusammenhängen. Das müssen wir noch mehr forcieren.« Rund 12 Millionen Euro, verteilt auf über 100 Projekte, haben die Tiergartenfreunde seit der Gründung 1958 investiert. Anfangs standen vor allem der Ausbau und eine Verbesserung der Gehege im Vordergrund. Zu den größten Projekten gehörte der Bau des Manatihauses, eines großen Aquariums für Seekühe. Allein dafür spendete der Verein 2,5 Millionen Euro und die Manatis sind seitdem das Wappentier des Vereins. »Aber auch wir Tiergartenfreunde haben uns weiterentwickelt. Inzwischen unterstützen wir viel stärker Artenschutz und Forschung.« So wurde erst kürzlich ein Labor im Naturkundehaus mitfinanziert, das die Auswertung von Stresstests bei Tieren ermöglicht.

Enttäuscht ist Anja Prölß-Kammerer, dass oft Jüngere, »ich sag jetzt mal Grün und Naturschutz Angehauchte«, eine überholte Vorstellung von Zoos haben und deren Bedeutung für Artenschutz und Naturschutz noch gar nicht wahrnehmen. Dabei müssten gerade diese Leistungen genau zu deren Weltbild passen. Als Pädagogin kennt sie solche Phänomene aus ihrer Arbeit mit den Themen Nationalsozialismus, Rechtsextremismus, Menschenrechte. Da gibt es Altersgruppen, die man für solche Themen gut erreichen kann. »Dann sind sie erst mal wieder weg. Man muss es halt immer neu versuchen.«

Die Zahl der Mitglieder und die daraus erwachsene Finanzkraft machen den Verein zu einer mächtigen Institution im Tiergarten. Grundsätzlich liegt darin auch Konfliktpotenzial, wenn Tiergartenleitung und Verein unterschiedliche Vorstellungen haben. Anja Prölß-Kammerer erinnert sich sehr wohl an Zeiten, in denen heftig gestritten wurde. Seit der Amtszeit von Direktor Dag Encke laufe das aber ganz hervorragend. Der Kurator des Tiergartens für Artenschutz und Forschung, Dr. Lorenzo von Fersen, ist stellvertretender Vorsitzender der Tiergartenfreunde und der Direktor selbst ist bei jeder Vorstandssitzung zu Gast. Trotz seines politischen Ansatzes, der Stoff für Kontroversen bietet, schätzt sie seine Fähigkeit, mit wissenschaftlichen Argumenten zu überzeugen. »Er ist präsent in der Stadtgesellschaft, steht zu seiner Verantwortung und das tut uns gut, auch dem Verein.« Mit einem Beirat von elf Mitgliedern aus Gesellschaft, Wirtschaft und Wissenschaft versuchen die Tiergartenfreunde, sich noch intensiver in die öffentliche Diskussion einzubringen.

Ein Thema begleitet den Tiergarten aber konstant von Jahr zu Jahr: die Frage nach den Elefanten. Nach 96 Jahren Elefantenhaltung wurde die letzte Elefantendame 2008 abgegeben. Seitdem gibt es keine Dickhäuter mehr in Nürnberg. Das wird von der Stadt und auch von Vereinsmitgliedern als Mangel angesehen und immer wieder thematisiert. Gerade in der großzügigen Anlage hätte man doch Platz, wird argumentiert. Dem hält Direktor Encke entgegen, dass der Neubau einer zeitgemäßen Elefantenanlage mit Innen- und Außenbereichen, die auch für die Zucht geeignet sind, kaum mit dem Charakter des Landschaftszoos zu vereinbaren wäre. Eine Lösung könnte zwar über eine teilweise Erweiterung des Zoogeländes realisiert werden, würde aber wohl um die 50 Millionen Euro kosten und andere Projekte blockieren. Anja Prölß-Kammerer sieht das gelassen. »Schön wärs schon, vor allem fürs Publikum, aber das Geld haben wir einfach nicht.«

Das Panzernashorn ist das zweitgrößte Landsäugetier der Welt und seit der Zeit Albrecht Dürers mit Nürnberg verbunden.

Mendesantilope

Der zentrale Zoogasthof ist biozertifiziert.

Mit dem Kleinen Adler durch den Tiergarten

Wasserbüffel

Sibirischer Tiger

Schneeleopard

er rote
ndstein ist eine
ndrucksvolle
ihne.

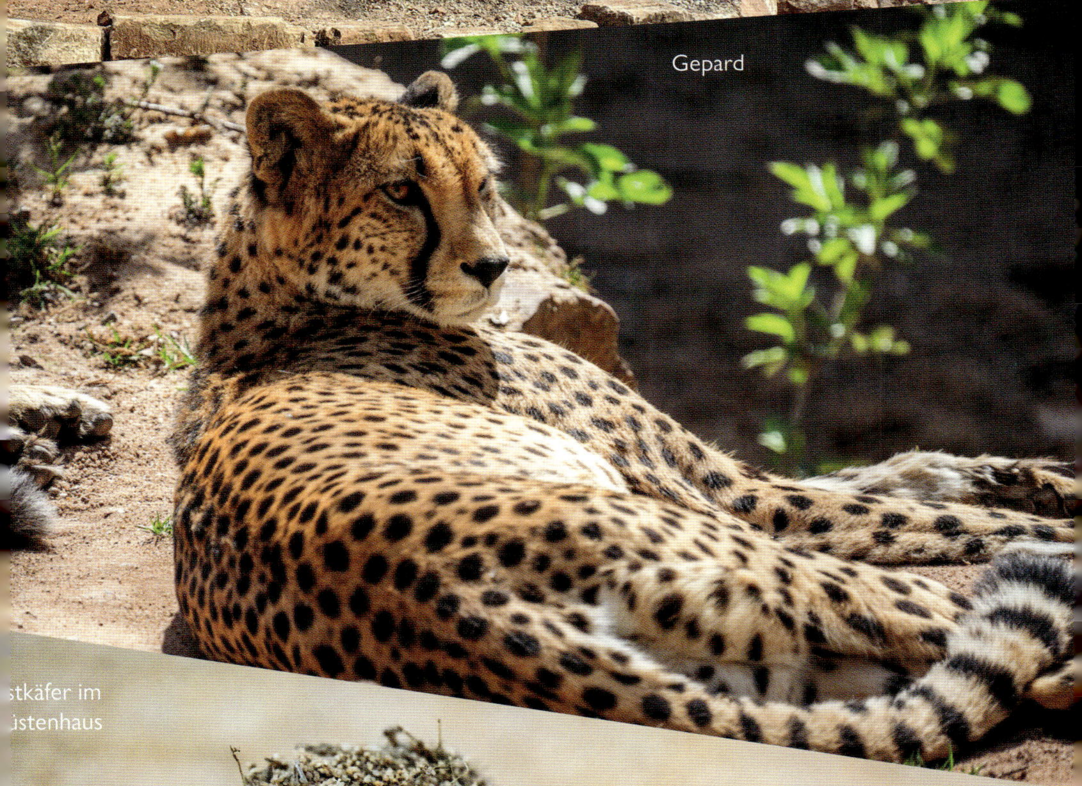

Gepard

stkäfer im
istenhaus

TIERGARTEN STRAUBING

Steckbrief Tiergarten Straubing

Gegründet: 1937
Inhaber: Stadt Straubing
Fläche: 18 Hektar (entspricht 25 Fußballfeldern)
Tierbestand in Zahlen: rund 200 Arten
Charakter: bewaldete Parkanlage am Stadtrand, Rundweg
Besondere Tierarten: Weißwangen-Schopfgibbon, Goldenes Löwenäffchen, Donaufische
Artenschutzprojekte in Zahlen: beteiligt sich an 23 Europäischen Erhaltungszuchtprogrammen (EEP), 8 Europäischen Zuchtbüchern (ESB), 5 Internationalen Zuchtprogrammen (ISB), unterstützt zahlreiche Artenschutzprojekte im Freiland
Bildungsangebote: Zooschule, Führungen, Vorträge, umfangreiche Erklärungen an den Gehegen, Fotokurse
Beschilderung: deutsch
Besondere Events: Tag des Pinguins, Aktionstage jungsteinzeitliches Bauernhaus, Sommerferienprogramme u.a.
Gastronomie: zentraler Kiosk
Besuchereinrichtungen: 3 Toiletten und Wickelräume, ausleihbare Bollerwägen, ausleihbare Rollstühle, Ladestation für E-Bikes
Spielplätze: Spielplätze beim Kiosk, mit Inklusionskarussell, Fitnessparcours für Erwachsene
Inklusion: gesamter Zoo barrierefrei
Infomaterial: Zooplan und diverse Infobroschüren, Zooführer für Kinder an der Kasse
Shop: an der Kasse und am Kiosk
Hunde: an der Leine, ausgeschlossen Tierhäuser
Organisierte Förderer: Verein der Freunde des Tiergartens Straubing e.V.
Mitgliedschaften: WAZA, EAZA, VdZ, Stiftung Artenschutz, ZGAP, GAV, GEH, VZP, Species360
Adresse: Tiergarten Straubing, Am Tiergarten 3, 94315 Straubing,
Tel.: 09421/94472222
E-Mail: tiergarten@straubing.de
Website/Social Media: www.tiergarten-straubing.de Facebook

Tiergarten Straubing – damals und heute

Warum hat Straubing einen Tiergarten und nicht die viel größere Stadt Regensburg als Hauptstadt des Regierungsbezirks Oberpfalz? Die Antwort ist schlicht: private Initiative und Zufall. Ein kleines Ausflugslokal war wohl die Keimzelle. Es gab Milch und Butterbrote und das zahme Rehmädchen »Liserl«, Fasane und Wasservögel lockten die Bürger an den Stadtrand. Dort ließ Josef Reiter, der Oberbürgermeister der Stadt Straubing, 1937/1938 einen Teil des Stadtparks einzäunen als Gehege für vorwiegend einheimisches Wild und gründete damit den Tierpark. Über einen persönlichen Kontakt zur Hamburger Tierparkfamilie Hagenbeck kamen 1940 schon erste Löwen nach Straubing und Reiter lernte den Kaufmann und Dompteur Johannes Lange kennen, der ein Jahr später mit seiner Löwengruppe gern dort einzog. Johannes Lange leitete ihn – mal privat, mal offiziell – bis zu seinem Tod 1955 und baute ihn systematisch mit neuen Gehegen, Gebäuden und vielfältigem Tierbestand zu einer großen Attraktion in Niederbayern aus. Noch zu seinen Lebzeiten wurden über 50000 Besucher jährlich gezählt. Heute kommen rund 400000 Besucher in den Tiergarten im Stadtpark im Westen von Straubing.

Tiergartenleiter Johannes Lange, um 1950

Wenige Jahre nach seiner Gründung stand der Tiergarten Straubing aber erst mal vor dem Aus. Am 6. Februar 1945 schlugen über 40 Bomben der amerikanischen Luftwaffe auf dem Gelände des Tiergartens ein, zerstörten Gebäude und töteten viele Tiere. Dabei war das vermeintlich sichere Straubing längst zu einem Zufluchtsort für Tiere aus anderen Zoos geworden. Der Nürnberger Tiergarten hatte bereits 1943 Bombardierungen erlitten und war erheblich beschädigt. Zwei Tiger, zwei Schimpansen, zwei Zebras und zwei Elefanten waren deshalb nach Straubing evakuiert worden. Nach Ende der Angriffe ergab sich folgendes Bild:

> »Die große Zahl der Bomben war in der Hauptsache in den vorderen und oberen Teil des Straubinger Tiergartens sowie rechts und links der Tigeranlage gefallen. […] Die Tiger befanden sich während des Angriffes in den Schlafräumen. […] Durch den Luftdruck wurden die vom Schlafraum in das Außengehege führenden Fallschieber hochgehoben, so daß die Tiger in das Außengehege konnten und durch ein Loch in der Mauer ins Freie gelangten. Hans Lange, als Raubtierdompteur nicht unerfahren, konnte die drei Tiger mit Futterfleisch wieder an den Käfig locken und durch das Mauerloch in sicheres Gewahrsam zurückbringen. […] Die Halle, in der die zwei Elefanten und die drei Schimpansen untergebracht waren, blieb unversehrt. Durch die Detonationen der Bomben wurden die Tiere jedoch sehr aufgeregt. Bei der

Alte Bäume prägen die Parklandschaft in Straubing.

Elefantin BUKA stellte sich ein nervöses Zittern des ganzen Körpers ein, das nach zehn Tagen den Tod des Elefanten durch Herzlähmung zur Folge hatte.«[1]

Aber auch nach Kriegsende war die Gefahr noch nicht vorbei. Aus vielen Zoos wurde gemeldet, dass Tiere von Besatzungssoldaten und der hungrigen Bevölkerung geraubt und vermutlich geschlachtet wurden. Aber auch das ging vorüber. Einige Tiere waren noch da, einzelne Gebäude standen noch. Der Wiederaufbau der ohnehin noch sehr jungen Tiergärten in vielen deutschen Städten begann und wurde von enormem privatem Engagement und kommunaler Unterstützung getragen.

Die aktuelle Ausrichtung des Straubinger Tiergartens trägt noch die Handschrift des Diplom-Biologen Wolfgang P. Peter, der den Park 26 Jahre (1996 bis 2022) leitete. Durch seine Erfahrung bei Forschungsaufenthalten im Ausland und als wissenschaftlicher Mitarbeiter in den Zoos von Frankfurt und Münster gab er dem Zoo eine zeitgemäße und wissenschaftliche Prägung. Artgerechte Tierhaltung und Bildung standen für ihn ganz oben.

Seit Januar 2023 ist Dr. Michel Delling, Verhaltensbiologe und Säugetierkundler, neuer Direktor in Straubing. Die vier Säulen Artenschutz, Bildung, Forschung und Erholung, an denen sich moderne Zoologische Gärten orientieren, bilden für ihn die Grundlage für seine Arbeit und die Weiterentwicklung des Straubinger Zoos. Gleich in seinem ersten Jahr konnte mit 420 000 Besuchern eine neue Rekordmarke erreicht werden.

1 Dr. Karl Thäter, Direktor des Tiergartens Nürnberg 1912 bis 1945, zitiert aus: 60 Jahre Tiergarten Straubing, Festschrift Mai 1998, S. 14

Mit klarem Kurs von Hamburg nach Straubing – Michel Delling, Direktor

»Meine Lieblingstiere? Das sind Zimtschnecken, die aus der Bäckerei.« So die Antwort des Verhaltensbiologen und Säugetierkundlers Dr. Michel Delling auf die Frage, welches seine Lieblingstiere sind. Seit Januar 2023 ist er Direktor des Straubinger Tiergartens. Natürlich gibt es Tiere, zu denen er eine besondere Beziehung hat. Aber das hat nichts mit Vorlieben zu tun, sondern damit, ob es eine gemeinsame Geschichte gibt. Ein krankes Tier zum Beispiel, das man länger pflegen musste. Ein Tier, das man auf einem langen Transport begleitet hat, oder eines mit einem ganz besonderen Charakter, das vielleicht sehr schwierig im Umgang war. Jedes Tier ist ein Individuum und spannend sind sie alle.

Delling ist ein Zoomensch. Aufgewachsen in der Nähe eines Tierparks in Hessen, verdient er sich bereits als Schüler dort sein Taschengeld. Als Student führt er das weiter und vertieft dort seine Leidenschaft für alle Facetten der Tiergartenbiologie. Für ein Forschungsprojekt mit Exmoor-Ponys lebt er ganz allein über ein Jahr auf einer Insel in der Ostsee und erforscht das Verhalten dieser Tiere. Weitere Projekte mit Wisenten und Hirschen schließen sich an. Wissenschaft ist seitdem für ihn die unverzichtbare Grundlage für die Haltung von Tieren. »Wir sind nicht nur gesetzlich, sondern auch ethisch-moralisch dazu verpflichtet, alles dafür zu tun, dass es den Tieren, die in unserer Obhut stehen, so gut wie möglich geht.« Dafür braucht es wissenschaftliche Grundlagen. Nur so sind wir in der Lage, ihr Verhalten, ihre Lebensbedingungen so zu verstehen, dass die Haltungsbedingungen in Zoos immer weiter optimiert werden können. Michel Delling verfügt aus seiner aktiven Forschungszeit über ein gutes Netzwerk an Kontakten zu Universitäten und Hochschulen. Anfragen von Universitäten, die mit den Straubinger Tieren Studien zur Verhaltensforschung machen wollen, werden deshalb gern unterstützt.

Nach acht Jahren als Leiter der öffentlichen Wildgehege in Hamburg hat er nun die Leitung des Tiergartens Straubing übernommen. Dieser ist in den letzten Jahrzehnten zu einer beliebten Natur- und Artenschutzeinrichtung geworden. Er ist eine Attraktion für ganz Niederbayern und zieht auch Gäste aus Österreich und

Im Tiergarten hofft man auf Nachwuchs bei den Weißwangengibbons.

Tschechien an. Artgerechte Tierhaltung, naturkundliche Bildungsangebote, Artenschutz auf unterschiedlichen Ebenen und Erholung unter alten Bäumen am Rande der Stadt und doch ganz nah zum historischen Zentrum. Der Tiergarten Straubing ist ein Erfolgsmodell.

»Jeder Zoo ist auch als Einrichtung ein Individuum und hat seine Besonderheiten. Der Tiergarten Straubing hat eine ganz spannende Kombination aus heimischen und exotischen Tieren. Wir haben Bestand sowohl aus Mitteleuropa als auch von fast allen Kontinenten der Erde. Eine Besonderheit ist das Donauaquarium, wo in mehreren Becken die heimische Fischwelt gezeigt wird. Dort verzichten wir bewusst auf Exoten und zeigen nur Fische, die auch in den verschiedenen Bereichen der Donau vorkommen. Das ist schon ein Alleinstellungsmerkmal.«

Eine echte Seltenheit sind die Nördlichen Weißwangengibbons, die man neben Straubing nur in drei anderen Zoos in Deutschland erleben kann. Das achtjährige Gibbonmännchen Spike und die etwas ältere Dame Nuijang kamen aus Zoos in Schweden beziehungsweise Frankreich und wurden Straubing vom Zuchtbuchkoordinator für Weißwangengibbons zugeteilt. Sie haben sich schnell aneinander gewöhnt und man hofft auf Nachwuchs, denn ihre Art ist vom Aussterben bedroht. Neben der sogenannten Erhaltungszucht, wie sie in Straubing vorgesehen ist, finanzieren viele Zoos Projekte in den Herkunftsländern China, Vietnam und Laos. Bildungsangebote sollen die Bevölkerung für den Schutz der heimischen Tierwelt sensibilisieren und Jobs, zum Beispiel als Wildhüter, eine Alternative zur Wilderei bieten.

Vor den Gibbons waren in der Anlage Schimpansen untergebracht. Als die meisten altersbedingt gestorben waren, entschloss man sich, das letzte Tier an einen anderen Zoo mit einer großen Schimpansen-Gruppe abzugeben und die Haltung dieser Menschenaffen in Straubing nicht fortzusetzen. Die Anlage entsprach nicht mehr den aktuellen Erkenntnissen, passte aber sehr gut zu den Anforderungen für die deutlich kleineren Gibbons, die nun ausreichend Platz haben, um sich mit ihren langen Armen an Ästen und Seilen hangelnd fortzubewegen. Sie fühlen sich offensichtlich wohl und morgens kann man ihren ganz spezifischen Gesang hören. Sind die Gibbons also der besondere Tipp, weswegen man extra in den Straubinger Tiergarten kommen sollte? »Jedes Lebewesen hat so viele faszinierende Eigenschaften, dass es spannend ist. Man muss sich nur damit beschäftigen. Man muss auch mal die Geduld haben, eine Viertelstunde vor einer Anlage stehen zu bleiben und einfach nur zu gucken, was machen die Tiere denn da. Dafür brauchen die Besucher aber auch Angebote, damit sie von sich aus ein Interesse für die Tiere entwickeln.« Das können kommentierte Fütterungen oder Führungen und Vorträge zu bestimmten Themen sein, aber auch gut gemachte Informationstafeln. »Wenn die Leute mit dem gleichen Wissensstand wieder nach Hause fahren, mit dem sie zu uns gekommen sind, dann haben wir unseren Job nicht richtig gemacht. Das müssen nicht immer gleich hochwissenschaftliche Erkenntnisse sein.« Natürlich kommen auch Besucher, um sich zu erholen, sich ein paar entspannte Stunden zu machen. »Nicht jeder kann nach Afrika fliegen und auf Safari gehen. Wir sind dazu da, dass die Leute auch hier ein Zebra, einen Löwen oder andere Tiere erleben können.« Besonders gefällt es Delling, wenn er mitbekommt, wie vor den Gehegen diskutiert wird. Denn dann wird sich mit dem Gesehenen auseinandergesetzt. »Wenn der Vater sagt, das ist eine Eule, und das Kind ihn verbessert und sagt, das ist ein Uhu, dann haben beide recht, denn der Uhu ist eine Eule. So etwas ist auf jeden Fall ein Schritt in die richtige Richtung.«

Eine ganz besondere Eule hat Delling mit nach Straubing gebracht. In einem seiner Wildgehege in Hamburg war ein Eulenküken geschlüpft, das von der Mutter nicht angenommen wurde. »Die setzte sich oben in den Baum und dachte sich: nicht mein Ding.« Also stand die Entscheidung an, ob man das Küken sterben lässt oder einschreitet. Als ausgebildeter Falkner übernahm Delling die Verantwortung und zog das Küken groß. Dadurch ist der Vogel die Nähe zu Menschen gewohnt und Delling kann ihn gut für Führungen und Erklärungen einsetzen. »Eulen sitzen meist eher regungslos in ihren Gehegen. Da schauen die Besucher 30 Sekunden rein und gehen dann weiter. Wenn ich den Uhu aber auf dem Handschuh habe, kann ich eine halbe Stunde lang was über die Eulen und den Lebensraum erzählen und die Besucher bleiben davor stehen. Das ist ein ganz anderes Erlebnis.«

Seit dem Frühjahr 2023 hat der Straubinger Tierpark ein neu gestaltetes Löwengehege. Den beiden afrikanischen Löwen Kiano und Shari steht nun sowohl innen wie auch außen die doppelte Fläche zur Verfügung und die Besucher können die beiden nun viel besser beobachten und sich informieren. Vor ca. zehn Jahren sind sie als Jungtiere nach Straubing gekommen und werden von vielen als Wahrzeichen des Tiergartens wahrgenommen. Für die Erhaltungszucht spielen sie keine Rolle, denn die beiden sind Geschwister. Trotzdem betont Michel Delling die Bedeutung für den Artenschutz. Er belegt das am Beispiel Südafrika. Allein dort leben rund 2000 Löwen in Nationalparks oder privat geführten Naturreservaten und zusätzlich rund 8000 Löwen auf Farmen, wo sie für Touristen gezüchtet werden. Trotzdem nimmt der Bestand ab und auf der Roten Liste der Weltnaturschutzunion IUCN werden sie als gefährdet geführt. Die gezüchteten Löwen auf den Farmen gelten meist als inzestuös und fallen für den Artenschutz aus. Aber auch die Tiere in den Nationalparks leben in begrenzten Räumen und leiden immer häufiger an fehlendem genetischem Austausch. »Deshalb

Das Goldlöwenäffchen konnte nur durch Nachzuchten in Zoos gerettet werden.

ist jeder Löwe, den wir sauber genetisch dokumentiert in den Zoos haben, eine wertvolle Reserve.« Letztlich gilt das für alle bedrohten Tierarten.

Der Tiergarten Straubing beteiligt sich zurzeit an 23 europäischen Erhaltungszuchtprogrammen (EEP). Dazu gehören der Sibirische Tiger, die Weißwangengibbons, der Waldrapp, der Balistar oder die Goldlöwenäffchen. Letztere sind ein besonders gutes Beispiel dafür, wie effektiv die Zuchtprogramme sein können. Die Goldlöwenäffchen leben in den Regenwäldern an den Küsten von Brasilien. Durch Rodungen für Acker- und Weideland seit den 1960er-Jahren wurde ihr Lebensraum immer kleiner und der Bestand ging dramatisch zurück. Der Zoo in Washington gründete 1972 ein Zuchtbuch und koordiniert seitdem weltweit die Nachzucht in Zoos. Seitdem ist die Zahl von 80 Zootieren auf über 500 gestiegen. Seit 2017 ist auch der Tiergarten Straubing an diesem Programm aktiv beteiligt. Auch die Auswilderung gezüchteter Zootiere verläuft in diesem Programm erfolgreich. Zwischen 1984 und 2000 konnten 147 Nachzüchtungen aus unterschiedlichen Zoos wieder in die Natur gegeben werden. Diese pflanzen sich dort erfolgreich fort.

Die Auswilderungsprojekte von Waldrapp und Gänsegeier wurden in den letzten Jahren mit Tieren aus Straubing unterstützt. Geburtshelferkröten, Gelbbauchunken und andere heimische Amphibienarten werden hier nachgezüchtet und für geeignete Projekte zur Verfügung gestellt. Der Tiergarten unterstützt auch die Stiftung Artenschutz, die sich um den Schutz von Tieren im Freiland kümmert, die zwar auf der Roten Liste ste-

Ein extrem seltener Stachelleguan

hen, aber bisher noch wenig Aufmerksamkeit oder finanzielle Unterstützung erfahren haben. Er ist außerdem Mitglied der Zoologischen Gesellschaft für Arten und Populationsschutz, die sich vor allem um den Schutz von Arten kümmert, die hoch bedroht, aber in den Medien kaum präsent sind.

Die Berichterstattung in den Medien ist ein wesentlicher Faktor, wenn es um die Aufmerksamkeit der Menschen für den Artenschutz geht. Die Diskussion um die Zoohaltung und den Schutz von Eisbären ist dafür ein Beispiel. 2008 lösten Geburt und Handaufzucht des Eisbären Knut im Berliner Zoo einen internationalen Medienrummel aus. Diese nahezu hysterische Begeisterung führte aber auch zu einer Gegenreaktion in Form von grundsätzlicher Kritik an der Haltung von Eisbären in Zoos (siehe S. 50). Sind die Gehege für diese großen Tiere nicht viel zu klein? Ist es bei uns nicht viel zu warm für die Bewohner der Arktis mit ihrem dicken Fell? Michel Delling hat dazu eine klare Position. »Der Knut wäre natürlich auch groß geworden ohne den ganzen Medienrummel. Aber eine ganz breite Öffentlichkeit, die sich vorher überhaupt nicht für den Eisbären und dessen Problematik im Freiland interessiert hatte, machte sich nun Gedanken. Natürlich kann man diese einseitige Aufmerksamkeit kritisieren, aber dem Eisbärenschutz hat sie geholfen und Jungtiere in Zoos sind nun einfach begeisternd. Das wird sich auch nie ändern.« Dass es Eisbären bei uns im Sommer zu heiß werden könnte, sieht er nicht. »In Alaska hat es im Sommer auch mal über 30 Grad. Da kursieren viele Missverständnisse.« Unter Dellings Vorgänger wurde die Haltung von Eisbären in Straubing aufgegeben und soll nach jetzigem Stand auch nicht wieder aufgenommen werden, da die vorhandene Anlage nicht mehr den aktuellen Erkenntnissen und Anforderungen für diese Tiere entsprechen würde. Dafür steht den deutlich kleineren Braunbären nun die doppelte Fläche zu Verfügung und bietet jetzt ausreichend Struktur für die heimischen Großbären.

Michel Delling ist es wichtig, dass der Zoo eine möglichst breite Palette an Tieren und deren Lebensräumen präsentiert. Kleine, unscheinbare Arten sind ökologisch genauso wichtig wie die großen »Plüschtiere« Kamele, Bären oder Löwen. »Wir haben zum Beispiel Stachelleguane, kleine Tiere, die erst vor wenigen Jahrzehnten entdeckt wurden und ausschließlich in einem kleinen Gebiet in Mexiko vorkommen. Das sind hochspannende Tiere, die nur in ganz wenigen Zoos in Europa zu sehen sind. Die meisten Besucher gehen daran vorbei und sehen sie gar nicht, weil sie so gut getarnt sind. Dazu kommt, dass viele Menschen unbewusst eine ›Abstufung‹ bei den Tieren vornehmen. Ich will das nicht werten, aber der Großteil findet alles, was groß und plüschig und niedlich ist, gut. Auf Platz zwei kommen dann die Vögel, je größer und bunter, umso besser. Dann kommen irgendwann die Reptilien und die Amphibien kennt dann schon gar keiner mehr. Jetzt mal ganz überspitzt gesagt.« Daraus ergibt sich die Frage, wie es dem Zoo gelingen kann, auch solche Tiere den

Besuchern besser nahezubringen. Delling beschreibt eine ganze Kaskade an Bildungsangeboten von der Zooschule über ausführliche Beschilderungen zu Tieren und Projekten, Vorträgen und Führungen. Selbst bei Kindergeburtstagen, die gerne im Zoo gefeiert werden, hat er den Anspruch, dass »nicht nur Dönekes gemacht werden«, sondern dass Kinder und Betreuer auch neue Erkenntnisse mitnehmen.

Der Straubinger Tiergarten bietet zwei große Spielplätze. Für Delling sind das unverzichtbare Ergänzungen zu den Gehegen, denn der Zoo ist auch eine Erholungseinrichtung. Außerdem ist die Konzentrationsfähigkeit von Kindern begrenzt. »Da braucht es zwischendurch Spielphasen. Da hat der Spielplatz nicht nur eine Freizeitwirkung, sondern sorgt für Entspannung und fördert damit gleichzeitig den Bildungsaspekt, weil die Kinder, wenn sie sich ausgetobt und Spaß gehabt haben, wieder in der Lage sind, Neues aufzunehmen.« Deshalb sind die Spielplätze, wenn man dem Rundgang folgt, ziemlich in der Mitte angelegt. Seit 2000 gibt es ein Inklusionskarussell, das auch Kindern im Rollstuhl zugänglich ist. Das Thema Inklusion wird in Straubing grundsätzlich sehr ernst genommen. Der Tierpark arbeitet eng mit einem Sanitätshaus zusammen und hält Rollstühle oder Rollatoren bereit. Neue Gehege werden möglichst so angelegt, dass wirklich jeder die Chance hat, die Tiere gut zu beobachten. Das neue Löwengehege hat deshalb bodentiefe Fenster und es gibt im Tiergarten diverse Aussichtsplattformen, die auch über eine Rampe zugänglich sind. Wenn Behinderteneinrichtungen zu Besuch kommen, erhalten sie auf Wunsch spezifische Führungen. »Wir versuchen, alles möglich zu machen, was geht.«

Als neuer Leiter will Michel Delling den Tiergarten weiterentwickeln. Für einen konkreten Masterplan braucht er noch etwas Zeit. Ganz pragmatisch müssen zunächst Gebäude, die in die Jahre gekommen sind, saniert oder energetisch modernisiert werden. Die bisherige Trampeltieranlage wird zu einem Bereich Asiatische Steppe umgebaut und insgesamt soll der Tiergarten etwas stärker geografisch strukturiert werden. Bei seiner Vorstellung als neuer Direktor hat er aber schon eine Idee aufscheinen lassen, für die er offensichtlich brennen würde. Er könnte sich vorstellen, dass auf der großen Wiese, die derzeit den Hochlandrindern vorbehalten ist, eine Anlage für Nashörner entstehen könnte. Nashörner werden als »Umbrella-Species«, als »Schirmarten« bezeichnet. Der Schutz einer solchen Art, die im Freiland viel Raum beansprucht, wirkt wie ein riesiger Schutzschirm über dem Verbreitungsgebiet und sichert damit auch einer Vielzahl anderer Arten den Lebensraum. Eine solche Anlage, verbunden mit einer großen Halle für den Winter, wäre allerdings ein Millionenprojekt. Die Zuhörer in Straubing hat das zumindest nicht erschreckt. Michel Dellings Antrittsvortrag wurde mit großem Applaus bedacht.

Praxis statt Unikarriere – Ludwig Fischer, Kurator

Ludwig Fischer

Als Schüler hat er Fische gezüchtet, sich dann mit Crustaceen beschäftigt, das sind Krebstiere, um sich danach während der Masterarbeit mit Ameisen zu befassen. Beim Biologiestudium in Regensburg hat ihn die Grundlagenforschung fasziniert. Wie funktioniert eine Zelle? Warum kann eine Zelle mit einer anderen kommunizieren? Wie sehen die Hüllen aus, die Zellen begrenzen und alles zusammenhalten? Ludwig Fischer ist 33 Jahre jung, Kurator und stellvertretender Direktor im Tiergarten Straubing. In dieser Funktion hat er auch manchmal mit ganz anderen zellenähnlichen Gebilden zu tun, mit Klokabinen. »Im letzten Jahr wurde uns vier Mal die Klotür aus den Angeln gerissen. Und wir brauchen im Jahr etliche neue Seifenspender, die einfach kaputtgedrückt werden.« Menschen wie ihn bezeichnet man gern als »gut geerdet«. Wissenschaft ist definitiv wichtig, aber wenn eine Klotür kaputt ist, muss die Reparatur halt organisiert werden. Alltag im Straubinger Tiergarten. Aufgewachsen im Oberen Bayerischen Wald kennt er den Zoo seit seiner Kindheit. Mit seinen Eltern ist er oft die 75 Kilometer von Furth im Wald/Eschlkam hergefahren und hat die stetige Entwicklung verfolgt. 2015 bekam er einen Praktikumsplatz, danach ein Volontariat und so ist er Schritt für Schritt in seine Position hineingewachsen. Eine universitäre Laufbahn in der Grundlagenforschung wäre Plan B gewesen, blieb aber in der Schublade.

In größeren Zoos gibt es Kuratoren für verschiedene Fachbereiche. In Straubing ist er der einzige und entsprechend vielfältig ist sein Aufgabenbereich. Neben der Verantwortung für den betriebsinternen Gebäude- und Flächenunterhalt sowie die Tierpfleger und deren Ausbildung reicht das Spektrum vom Datenschutz über die Beschaffung von unterschiedlichsten Futtermitteln bis zur Unterstützung der Tierärzte. Fischer kann nämlich auch eine Narkose verabreichen und darf im äußersten Notfall von der Schusswaffe Gebrauch machen.

Er führt die zooeigene Tierkartei und pflegt in die weltweite Datenbank ZIMS alle relevanten Tierdaten aus dem Straubinger Zoo ein. Geburten, Todesfälle, Alter, Gewicht und auch medizinische Behandlungsdaten, zum Beispiel zu Medikamenten und deren Dosierungen, bis hin zu Narkoseprotokollen werden hier do-

kumentiert. So können über 1200 Zoos weltweit diese Daten nutzen und aus den gemeinschaftlichen Erfahrungen Rückschlüsse auf die Anwendung in ihrem Bereich ziehen.

Ein weiterer Arbeitsbereich von Ludwig Fischer ist die Gestaltung der unterschiedlichen Gehege in Zusammenarbeit mit vielen anderen Beteiligten wie Handwerkern, Gärtnern oder Tierpflegern. Die gesetzlichen Vorgaben wie zum Beispiel aus dem Säugetiergutachten sind selbstverständlich einzuhalten. Daneben gilt es aber auch, die Einrichtungen neuen Erkenntnissen und dem aktuellen technischen Stand anzupassen. Nicht zuletzt ist die optische Wirkung für die Besucher von großer Bedeutung.

»In den 70er- und 80er-Jahren war es üblich, viel Beton zu verbauen, wie beispielsweise auch bei unserer ehemaligen Eisbärenanlage. Das will man heutzutage nicht mehr unbedingt sehen, allerdings ist es aber sehr schwer bis nahezu unmöglich, den Beton vollständig zu entfernen oder zu ändern. Also haben wir versucht, die sehr massive architektonische Optik zu brechen und teilweise zumindest zu kaschieren, indem wir mit Erde und Pflanzen den Boden aufgefüllt und gezielte Vegetationsinseln geschaffen haben. Diese sollen im Laufe der Zeit Teile der Betonflächen überwachsen und sowohl eine ansprechendere Optik als auch den Tieren einen vielfältigeren und natürlicheren Lebensraum bieten.« Dieses Prinzip wird aber nicht nur auf bestehende Anlagen angewandt. Auch die neue Löwenanlage ist ebenfalls so konzipiert, dass sie sich in den nächsten Jahren stärker mit Bäumen

Gute Sicht ur
Sicherheit für
beide Seiten:
die neu gestaltete Braun
bärenanlage

Rechts: Alle
Tiere müssen
sich ihr Futte
erarbeiten.

und Büschen begrünt, um ein noch stimmigeres Bild von deren Lebensraum zu kreieren. Auch in Straubing strebt man dabei viel freie Sicht möglichst ohne störende Gitter an. Große Glasscheiben ermöglichen den Besuchern aus verschiedenen Blickwinkeln komfortable Einblicke zum Beispiel zu den Löwen. Besondere Eindrücke und Erlebnisse mit Tieren nehmen Besucher bei einem Zoobesuch mit nach Hause und regen dazu an, sich mehr mit Themen der Natur, wie etwa dem Artensterben oder der Rodung von Wäldern zu befassen. Darüber hinaus ist die stetige Weiterentwicklung der Tierpflege eine Anforderung, der Zoos unbedingt nachkommen müssen. So haben die Tierpfleger die tägliche Aufgabe, mit neuen Anreizen und Beschäftigungsmöglichkeiten die Tiere geistig zu fordern und den begrenzten Raum immer wieder anders erlebbar zu machen. Im natürlichen Habitat sind die Tiere den ganzen Tag überwiegend mit der Futter- und Wassersuche beschäftigt. Dieser Tagesinhalt fehlt im Zoo, da alles angeboten wird. Dadurch müssen durch andere Anreize Abwechslungen in den tierischen Alltag gebracht werden.

Die Sicherheit des Personals, aber auch aller Besucher ist ein weiterer wichtiger Aspekt für den täglichen Betrieb einer zoologischen Einrichtung. Auch diese Aufgabe wird unter anderem von Ludwig Fischer mit koordiniert. Unzählige Aspekte sind hier zu beachten, von Infektionsschutz, Unfallvermeidung bis hin zur Arbeitssicherheit. So müssen zum Beispiel Schließanlagen so konzipiert sein, dass direkte Begegnungen zwischen Pflegern und Raubtieren praktisch ausgeschlossen sind. Und auch die Besucher müssen teilweise vor sich selbst geschützt werden. Der Versuch, Tiere anzufassen oder zu streicheln, ist für viele immer wieder ein besonderer Reiz, auch wenn es verboten ist und sogar lebensgefährlich sein kann.

Organisation und Abwicklung von Tiertransporten mit dem dazugehörigen Verwaltungsaufwand zählen ebenfalls zu Ludwig Fischers Aufgaben. Die Transporte selbst werden meist von spezialisierten Unternehmen durchgeführt, aber zunächst vor Ort in Straubing intensiv vorbereitet. Neben den notwendigen organisatorischen Dingen und zu erstellenden Unterlagen und Dokumenten muss zudem oft auch im Vorfeld wochenlang mit den betroffenen Tieren geübt werden. Sie sollen sich an die Transportkisten und die damit verbundenen Abläufe gewöhnen und möglichst nicht gestresst werden.

Ludwig Fischer bezeichnet sich selbst als technikaffin. Und da es aus früheren Jahren keine ausreichenden Pläne über alle Elektrotrassen zu den verschiedenen Anlagen und Gebäuden gab, hat er sich da auch noch »stückweise reingefuchst«. Seit Anfang 2023 ist er nun zusätzlich Stellvertreter von Zoodirektor Dr. Michel Delling. Ein mächtiges Aufgaben- und Verantwortungspaket für einen 33-Jährigen, der völlig uneitel davon überzeugt ist, dass Zufriedenheit und Erfolg nur über gute Teamarbeit zu erreichen sind. »Ohne dieses Hand in Hand wird es nicht funktionieren. Das macht dann erst einen guten Zoo aus.«

Vielseitig – Michaela Gauderer, Zoopädagogin

Seit 1986 gibt es im Tiergarten Straubing eine eigene Zooschule. Sie war damals die erste Einrichtung dieser Art in Bayern. Der Wunsch, den Besuchern nachhaltiges Wissen über die Tierwelt zu vermitteln, ist hier also schon lange ausgeprägt. Michaela Gauderer hat die Aufgabe der Zoopädagogin 2009 übernommen und weiterentwickelt. Biologie war schon in der Schule ihr Lieblingsfach und während eines Volontariats im Naturkundemuseum Stuttgart hat sie entdeckt, dass es ihr Freude macht, ihr Wissen in Führungen weiterzugeben, an Kinder ebenso wie an Erwachsene. Aber eine Stelle als Zoopädagogin, davon hat sie nicht mal geträumt.

»Ich wusste gar nicht, dass es so was gibt. Das war einfach nur Glück.« Der damalige Straubinger Zoodirektor hatte eine Stelle ausgeschrieben und war sofort von ihrer Bewerbung überzeugt. Zoopädagogik, das Vermitteln von Wissen nicht nur über Tiere, sondern generell über die Zusammenhänge in der Natur ist für moderne Zoos mittlerweile zu einer zentralen Aufgabe geworden. Einen speziellen Studiengang oder eine Ausbildung dafür gibt es allerdings noch nicht. Voraussetzung sind meist ein Lehramtsstudiengang oder ein Biologiestudium, das durch Fortbildungen und praktische Erfahrungen im Zoo ergänzt wird. Manchmal werden auch Lehrkräfte von der zuständigen Behörde zeitlich befristet an einen Zoo abgeordnet.

Michaela Gauderers Stolz ist die außergewöhnlich große Sammlung an Objekten und Präparaten, die sie für Führungen und Präsentationen verwenden kann. Da darf man schon mal die Zähne eines Krokodils auf der Hand spüren oder einem präparierten Tiger tief in die Augen blicken. Ihr geht es dabei vor allem um die Haptik, dass man Tiere nicht nur anschauen, sondern auch berühren kann. Aber immer verbunden mit der Vermittlung von Wissen und dem Respekt vor dem toten Tier. Wenn im Straubinger Zoo ein Tier stirbt, wird Michaela Gauderer gefragt, ob sie etwas davon für ihre Sammlung brauchen kann. Manchmal kocht sie dann sogar selbst Knochen oder Schädel aus.

Schade findet sie es, wenn Lehrer den Straubinger Tiergarten nur als Ausflugsziel für einen Wandertag nutzen und dann die Kinder bloß laufen lassen. Dabei geht es ihr nicht nur darum, die Klassen selbst zu führen. »Ich möchte vielmehr die Lehrer ermutigen, selber nachhaltigen Unterricht im Zoo zu gestalten. Von ganz spielerischen Ansätzen bis zu Schwerpunktthemen wie Biodiversität oder Evolution gibt es so viele Möglichkeiten. Man kann fast in jeder Jahrgangstufe zu einem anderen Thema in den Zoo kommen.« Für Lehramtsstudenten hat sie deshalb das Seminar »Was mache ich mit den Kindern im Zoo?« entwickelt. Führungen gibt es für jede Altersgruppe. Angefangen bei Kindergartenkindern, denen Tiere und ökologische Zusammenhänge altersgerecht vermittelt werden, bis zu Sex im Tierreich für Jugendliche und Erwachsene. Für 50 Euro kann eine 90-minütige Gruppenführung gebucht werden und auch auf thematische Sonderwünsche geht sie gerne ein. Rund 400 Führungen pro Jahr werden bei ihr und den Tierpflegerinnen und Tierpflegern abgerufen.

Michaela Gauderer übernimmt daneben noch viele weitere Aufgaben. Das ist so in einem Tiergarten von der Größe Straubings. Da gibt es nicht für jeden Job eine eigene Stelle. Sie hält den Kontakt zur lokalen Presse, aktualisiert den Auftritt im Internet, schreibt einen Newsletter, fotografiert, organisiert Veranstaltungen von Kindergeburtstagen bis zu wissenschaftlichen Vorträgen und ist auch verantwortlich für die gesamte Beschilderung mit ausführlichen und vertiefenden Informationen zu den Tierarten. Gerne erläutert sie den Besuchern konkrete Artenschutzprojekte, die im heimatlichen Umfeld durchgeführt werden, wie zum Beispiel ein

Auge in Auge mit dem (präparierten) Tiger

Projekt zum Schutz der Gelbbauchunken. Ausgehend von den guten Erfahrungen bei der Züchtung von Bergmolchen im Straubinger Aquarium und in Abstimmung mit Amphibienexperten aus dem Landkreis läuft seit einigen Jahren ein erfolgreiches Projekt zum Schutz der Gelbbauchunken. Eine festgelegte Zahl an Larven aus eigener Zucht wird im Donauaquarium aufgezogen. In der Natur würden nur relativ wenige Kaulquappen überleben und zu erwachsenen Unken heranwachsen. Unter den kontrollierten Bedingungen im Zoo können sich jedes Jahr rund 900 Jungtiere entwickeln. Diese werden an definierten Stellen im Landkreis ausgesetzt und stärken die dortige Population. Das Gleiche möchte man mit den Kammmolchen erreichen, aber hier hat die Zucht bisher noch nicht geklappt.

Eine der vielen aufwendigen Informationstafeln im Tiergarten Straubing

Seit einiger Zeit bietet Michaela Gauderer eine Führung mit ganz grundlegenden Themen. Seit wann gibt es Zoos? Wie haben sie sich bis heute entwickelt? Wie lässt sich die Haltung von Wildtieren ethisch rechtfertigen? Welche Funktion haben sie für den Artenschutz? Dazu hat sie ihre eigene Haltung und Wahrnehmung kritisch hinterfragt. »Es fällt mir selber manchmal schwer, als Mensch zurückzutreten und mir das Tier als Tier mit seinen ureigensten Bedürfnissen anzuschauen. Und das sind vor allem Nahrung, Sicherheit bzw. Unversehrtheit und Fortpflanzung. Das ist das Wichtigste. Wir Menschen sind selbst nicht wirklich frei, so eingespannt in ein Geflecht von Regeln, Gesetzen, Routinen. Trotzdem oder auch deswegen gilt die persönliche Freiheit in unserer Kultur und in unserem Selbstverständnis als das höchste Gut, nach dem jeder strebt. Das spiegeln wir dann auf die Tiere und erschaffen damit ein oftmals unrealistisches, romantisches Bild von der Natur. Wir denken, dass die persönliche Freiheit für die Tiere ALLES wäre, weil sie ja auch uns Menschen so viel bedeutet. Aber das ist allein unser menschlicher, abstrahierter Freiheitsbegriff. So etwas kennen die Tiere nicht. Das muss man sich immer mal wieder klarmachen. Mir fällt es schwer, das Leben in der Wildbahn in Vergleich mit dem Leben im Zoo zu setzen und beides zu werten. Es sind beides völlig andere Leben mit ganz eigenen Vor- und Nachteilen, im Grunde nicht miteinander vergleichbar.«

Tierarzt und Unterstützer – Josef Kitzinger, Förderverein

Josef Kitzinger

Seit 75 Jahren engagiert sich der Verein der Freunde des Tiergartens Straubing e. V. für »die Förderung des Tierschutzes, Förderung der Volksbildung und Förderung von Natur und Umweltverständnis«. So steht es in der Satzung. Über 700 Mitglieder bekennen sich aktuell zu diesen Zielen, zahlen einen Jahresbeitrag von 30 Euro, helfen beim Spendensammeln mit dem Glücksrad oder anderen Aktionen. Als Dank gibt es ermäßigte Eintrittspreise und die eine oder andere Sonderführung.

Der Straubinger Tierarzt Dr. Josef Kitzinger ist seit 2020 Erster Vorsitzender und freut sich, dass die Mitgliederzahlen trotz der schwierigen Pandemiejahre nicht gesunken, sondern sogar gestiegen sind. Der einzige Zoo im gesamten ostbayerischen Raum genießt viel Sympathie in der Bevölkerung und auch die lokale Presse berichtet regelmäßig über Veranstaltungen oder Neuheiten im Tierbestand. In der Vereinssatzung ist noch vermerkt, dass die Ziele des Vereins über »die Durchführung wissenschaftlicher Veranstaltungen, Errichtung und Pflege von Tiergehegen und Ankauf von Tieren« zu erreichen sind. Vorträge gibt es regelmäßig, aber der Kauf von Tieren spielt keine so große Rolle mehr, seit bedrohte Tierarten im Rahmen der Erhaltungszuchtprogramme nicht mehr gekauft, sondern zwischen den Zoos vermittelt werden. Die finanziellen Zuschüsse bei der stetigen Weiterentwicklung der Gehege bleibt die größte Unterstützungsaufgabe des Vereins. Die neue Löwenanlage wurde schon vor Jahren geplant und konnte nur verwirklicht werden, indem vorher auch die Luchse ein neues und optimiertes Gehege bekamen. Beide Projekte wurden von der Direktion eng mit dem Förderverein abgestimmt. »Die Zusage für eine Anschubfinanzierung des Vereins war Voraussetzung, dass auch die Stadt Straubing das Projekt finanziell unterstützen konnte. Insgesamt konnte der Förderverein rund 70 000 Euro zum Neubau der Löwenanlage beitragen.« Allein über die Mitgliedsbeiträge können solche Summen nicht erwirtschaftet werden. Hohe Spendenbeträge von regionalen Unternehmen kommen dazu. Die Firmenchefs sind oft Mitglieder im Förderverein, die Spenden selbst gehen dann aber gleich direkt an die Zooleitung.

Josef Kitzinger studierte Veterinärmedizin und übernahm 1990 die elterliche Tierarztpraxis mit Schwerpunkt Großtiere und Exoten. Später war er Amtstierarzt im Landkreis Amberg-Sulzbach und danach im Landkreis Straubing-Bogen. Ab 1997 behandelte er auch Zootiere im Tiergarten Straubing und wurde 2002 Mitglied im Verband der Zootierärzte (VZT), der sich für die optimale Betreuung der in menschlicher Obhut befindlichen Wildtiere einsetzt und als Ansprechpartner für Behörden und Institutionen zur Verfügung steht. Josef Kitzinger ist nicht der Bestandstierarzt im Tiergarten, hilft aber immer gern aus, wenn Hilfe gebraucht wird. Den Gesundheitszustand der Tiere bezeichnet er als sehr gut und verweist darauf, dass auch hier die Lebensdauer meist deutlich höher sei als in der Natur. Als Beispiel für eine verantwortungsvolle tierärztliche Betreuung im Leben bis zum Tod nennt er eine Braunbärin, die in Straubing das hohe Alter von 41 Jahren erreicht hat und 2022 schließlich eingeschläfert wurde. Das Höchstalter in freier Natur wird auf 20 bis 30 Jahre geschätzt. Bären im fortgeschrittenen Alter entwickeln nicht selten Arthrose. So war es auch hier. »Aber mit entsprechender Unterstützung durch Medikamente konnte sie noch rund

Die neue Löwenanlage bietet spektakuläre Einblicke.

zehn Jahre länger leben, als es in der Natur möglich gewesen wäre. Und das in gutem Zustand. In der Natur wäre sie durch die Arthrose immer schwächer geworden. Wegen der zunehmenden Schmerzen hätte sie sich nur noch schlecht bewegen und damit kaum noch ausreichend ernähren können. Bären sind auch oft von Würmern im Verdauungstrakt befallen, die die Tiere zusätzlich schwächen. Im Zoo wird das durch regelmäßige Entwurmung verhindert. In der Natur hätte sie schließlich nicht mehr aufstehen können und wäre verhungert. Als erkennbar wurde, dass die medikamentöse Versorgung der Straubinger Bärin nicht mehr ausreichte, und absehbar war, dass sie leiden würde, setzte sich eine Kommission aus Zooleitung, Tierärzten und Pflegern zusammen und kam zu der einstimmig getroffenen Entscheidung, die Bärin einschlafen zu lassen.«

Seit Januar 2023 ist Michel Delling neuer Direktor im Straubinger Tiergarten und Josef Kitzinger freut sich über die sehr gute Zusammenarbeit zwischen ihm und dem Förderverein. Das nächste konkrete Projekt, bei dem Unterstützung gefragt ist, wird die neue Trampeltieranlage sein. Dellings Idee von einem großen Bereich für Nashörner gemeinsam mit anderen Savannentieren kennt er seit dessen Antrittsvortrag. Die Kosten wären eine große Herausforderung. Aber man merkt, dass er schon Lust hätte, mit den Vereinsmitgliedern nachzudenken, wie man das doch irgendwie hinbekommen könnte.

Die Luchse spielen im neuen Gehege

Einen Haifisch kennt jedes Kind. Aber wer kennt heimische Fische wie Huchen, Stichling oder Bachschmerle? (Im Uhrzeigersinn)

Einheimisch,
aber extrem
eindrucksvoll:
der Rothirsch

Kaiman und
Sumpfschildkröte

Zentraler Spielplatz

Sonnensittiche

Trampeltiere

er Zoo Straubing bietet uch Fotokurse an; hier ne Langzeitbelichtung es Sternenhimmels über em Steinzeithaus.

ZOO AUGSBURG

Steckbrief Zoo Augsburg

Gegründet: 1937
Inhaber: städtischer Eigenbetrieb
Fläche: 22 Hektar (entspricht 30 Fußballfeldern)
Tierbestand in Zahlen: 236 Arten
Charakter: Oase am Stadtrand, viele Gewässer, Rundweg
Besondere Tierarten: Breitmaulnashörner, Asiatische Elefanten, Plumploris
Artenschutzprojekte in Zahlen: beteiligt sich an insgesamt 52 Europäischen Erhaltungszuchtprogrammen (EEP), Europäischen Zuchtbüchern (ESB) und Internationalen Zuchtprogrammen (ISB), unterstützt 13 Artenschutzprojekte im Freiland
Bildungsangebote: Zooschule, Führungen, Vorträge, umfangreiche Erklärungen an den Gehegen, Sonderführungen
Beschilderung: deutsch
Besondere Events: Tag der Artenvielfalt, Dschungelnacht, Kinderfriedensfest u. a.
Gastronomie: zentrale Zoogaststätte mit großem Biergarten, Bistro »Halbzeit«; Kiosk am Abenteuerspielplatz
Besuchereinrichtungen: 5 Toiletten und Wickelräume, ausleihbare Bollerwägen, Rollstühle und Buggys
Spielplätze: großer Abenteuerspielplatz, Zoo-Bähnle, Kleinkinderspielplatz
Inklusion: ausgezeichnet mit dem Signet »Bayern barrierefrei«
Infomaterial: Zooführer mit Lageplan, Kinderzooführer, Newsletter
Shop: Zooshop beim Eingang, Souvenirshop bei Zoogaststätte
Hunde: an der Leine
Organisierte Förderer: Freundeskreis des Augsburger Zoo e. V.
Mitgliedschaften: WAZA, EAZA, VdZ, ZGAP, Stiftung Artenschutz, Species360
Adresse: Zoologischer Garten Augsburg, Brehmplatz 1, 86161 Augsburg
Tel.: 0821/567149-0
E-Mail: info@zoo-augsburg.de
Website/Social Media: www.zoo-ausgburg.de Facebook, Instagram

Zoo Augsburg – damals und heute

Angeblich konnten die Augsburger schon im Jahr 802 einen Indischen Elefanten bestaunen – ein Geschenk des Kalifen Harun-al-Rashid an Kaiser Karl den Großen. Verbürgt ist, dass im 15. Jahrhundert im sogenannten Hirschgraben einheimisches Wild gehalten wurde. Johannes Fugger brachte 100 Jahre später auch exotische Tiere nach Augsburg. Ab 1902 gab es im Stadtgarten einen Bärenzwinger, ein Affenhaus und eine Voliere. Wegen der schlechten Haltungsbedingungen setzte der Tierschutzverein 1914 die Schließung durch.

1936 gründete eine Arbeitsgemeinschaft Augsburger Bürger den »Park der deutschen Tierwelt«, offiziell dann Tiergarten genannt. Im Geist des Nationalsozialismus sollten einheimische Tiere präsentiert werden. Das kam gut an. 1939 wurden bereits 80000 Besucher gezählt. Im Zweiten Weltkrieg verwüsteten dann Bombenangriffe den Tiergarten so sehr, dass er geschlossen werden musste.

Wasserläufe haben den Augsburger Zoo von Anfang an geprägt.

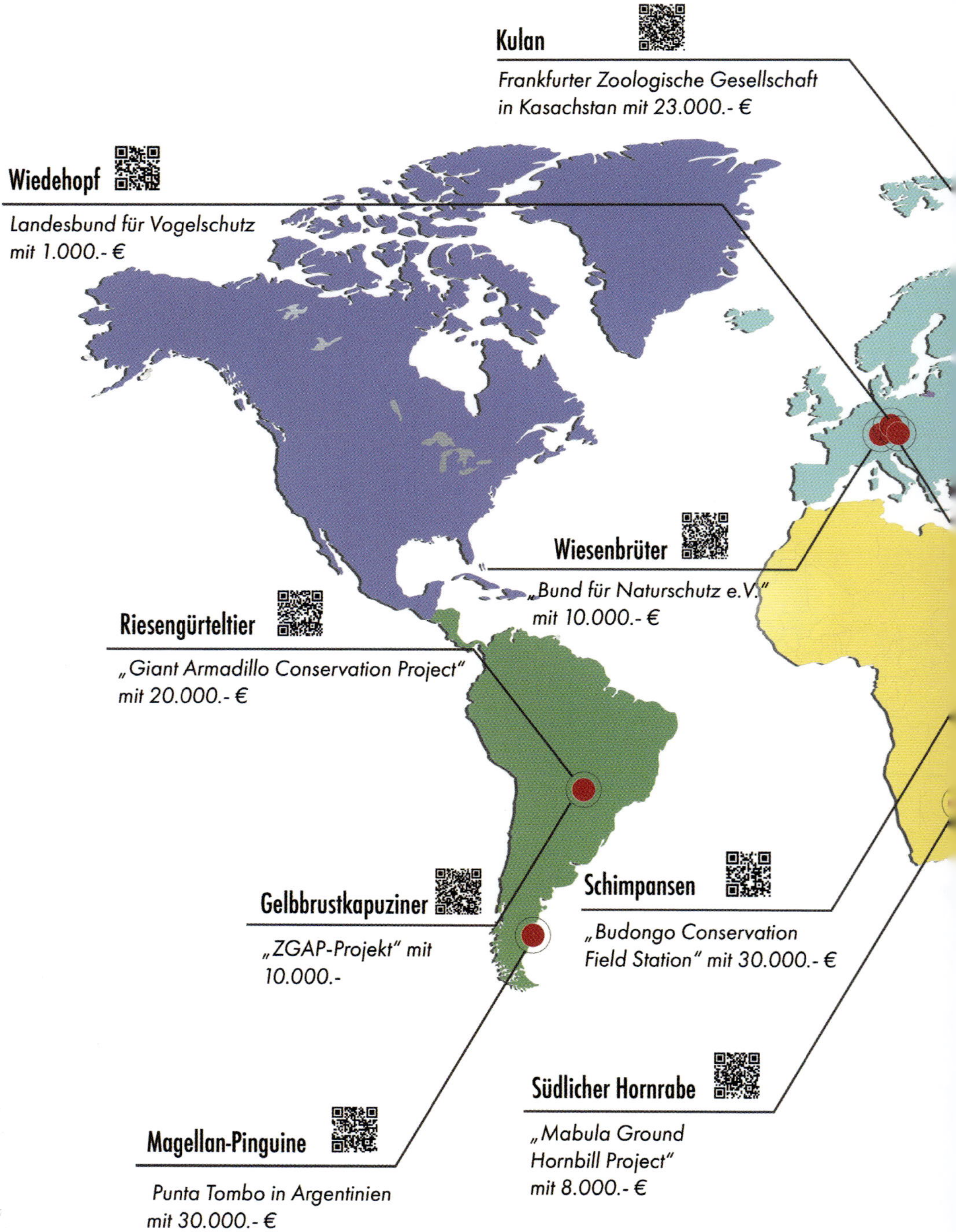
Kulan
Frankfurter Zoologische Gesellschaft in Kasachstan mit 23.000.- €
Wiedehopf
Landesbund für Vogelschutz mit 1.000.- €
Wiesenbrüter
„Bund für Naturschutz e.V." mit 10.000.- €
Riesengürteltier
„Giant Armadillo Conservation Project" mit 20.000.- €
Gelbbrustkapuziner
„ZGAP-Projekt" mit 10.000.-
Schimpansen
„Budongo Conservation Field Station" mit 30.000.- €
Südlicher Hornrabe
„Mabula Ground Hornbill Project" mit 8.000.- €
Magellan-Pinguine
Punta Tombo in Argentinien mit 30.000.- €

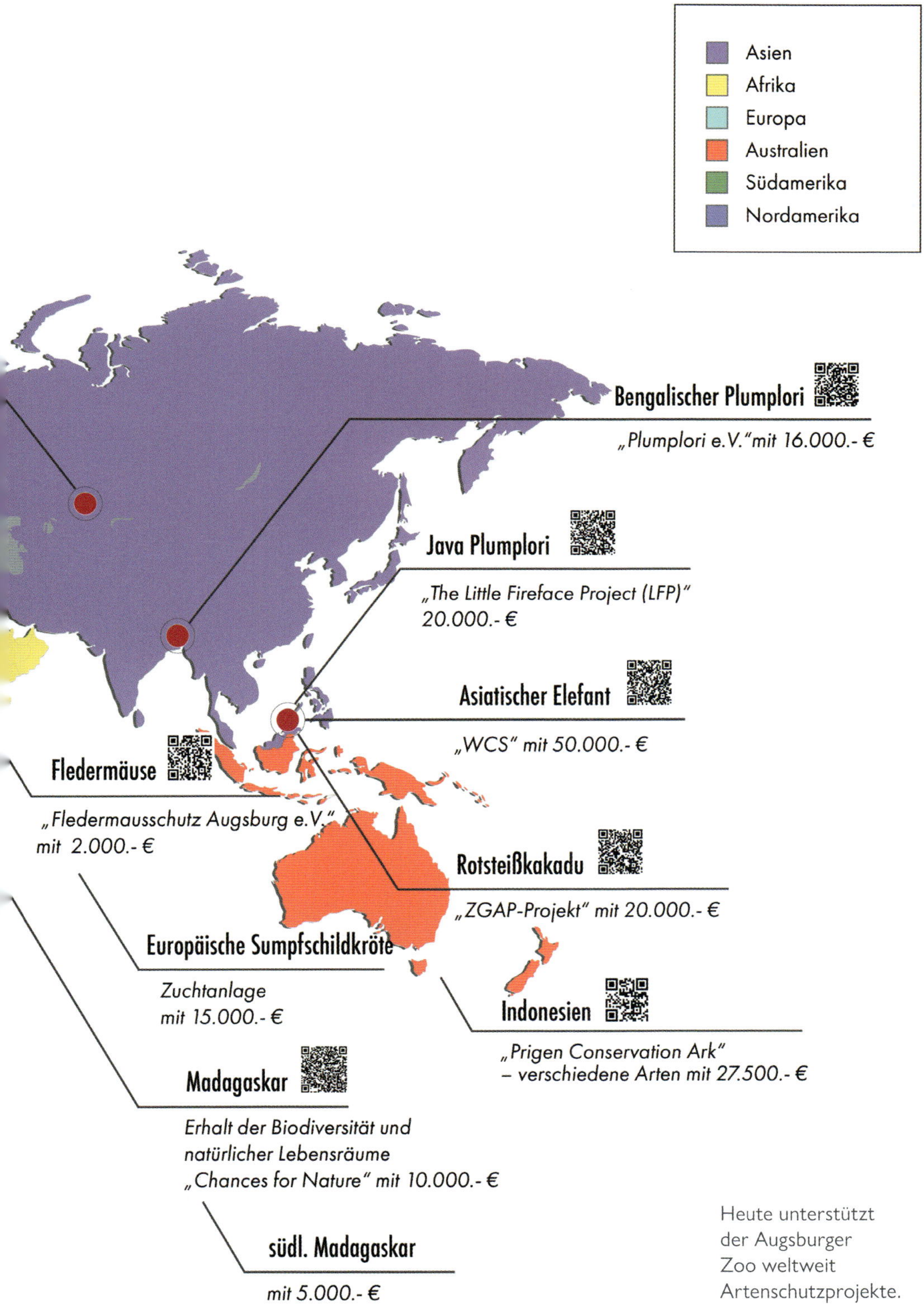

Heute unterstützt der Augsburger Zoo weltweit Artenschutzprojekte.

Nach dem Krieg half der Direktor des Tierparks Hellabrunn bei der Neuorganisation und 1946 konnte wieder eröffnet werden. Die Augsburger Bürger sprachen sich in einer Befragung nun auch für die Haltung exotischer Tiere aus. In den 1960er- und 1970er-Jahren wurde der Tiergarten zu einem regelrechten Mekka der Vogelhaltung. Zwischen 1978 und 2002 baute man viele Tierhäuser und legte das sogenannte Afrikapanorama an, eine imposante Freifläche für afrikanische Tiere. Aus dem Tiergarten wurde der Zoo Augsburg. 2002 berief die Stadt Augsburg Dr. Barbara Jantschke als Leiterin. Ihr Wunsch, die Nähe zwischen Mensch und Tier wieder zu vertiefen, drückt sich in begehbaren Anlagen und möglichst freier Sicht auf die Tiere aus. Artenschutzprojekte sowohl im Zoo als auch in den Herkunftsländern der gezeigten Tiere sind ihr ein besonderes Anliegen.

Ab Juni 2024 wird die neue Elefantenanlage Heimat einer Gruppe Asiatischer Elefantenbullen, die im Rahmen eines Erhaltungszuchtprogramms hier einziehen werden. Als Großprojekt soll in den nächsten Jahren das »Himalaya-Land« realisiert werden, eine Anlage für Tierarten aus dem Hochgebirge.

Der Zoo Augsburg liegt am südlichen Stadtrand und bildet mit dem Botanischen Garten den Übergang zum Stadtwald, Bayerns größtem zusammenhängendem Auwald. In einem Teil davon gibt es das Beweidungsprojekt Lechwiesen. Dabei geht es um den Erhalt lichter Kiefernwälder, die ursprünglich durch die Beweidung mit großen Pflanzenfressern entstanden. Seit 2007 weiden dort wieder Przewalski-Pferde und wirken als ökologische Landschaftspfleger. Das Przewalski-Pferd ist nur durch Nachzucht in den Zoologischen Gärten vor dem Aussterben gerettet worden. Der Zoo Augsburg hält diese Tiere und unterstützt das Beweidungsprojekt fachlich und finanziell.

Die zentraler Aufgaben, zu denen sich d Ausgburger Zoo bekennt

Pragmatisch und erfolgreich – Barbara Jantschke, Direktorin

Barbara Jantschke

Es war mal wieder Weltfrauentag, als ein Augsburger Magazin unter dem Titel »Augsburg – Stadt der mächtigen Frauen« einen Artikel über zehn Frauen in Spitzenpositionen brachte. Darunter die Oberbürgermeisterin, Professorinnen, Führungskräfte aus der Wirtschaft. Die Direktorin des Augsburger Zoos aber fehlte. Dabei leitet die promovierte Biologin seit über 20 Jahren sowohl fachlich als auch als Geschäftsführerin ein erfolgreiches Unternehmen. Ärgert sie so was? Darauf geht sie gar nicht ein und berichtet stattdessen engagiert und mit teils überraschenden Wendungen von ihrer Arbeit an der Spitze einer ganz besonderen und beliebten Augsburger Institution.

Über 700 000 Besucher kommen jährlich, um »echte Tiere« zu sehen. Fernsehdokumentationen sind gut und schön, geben aber gerade durch die Perfektion der Aufnahmen manchmal einen »geschönten bis falschen Eindruck«, sagt sie. Es ist ein Unterschied, einen Elefanten am Bildschirm zu sehen oder ein 6 Tonnen schweres Tier mit einer Kopfhöhe von über 3 Metern direkt vor sich zu haben. Andere Tiere sind in der Realität viel kleiner als in Großaufnahme, überraschen durch ihr Verhalten oder ihren Geruch. Jeder Tag ist anders, immer gibt es Neues zu entdecken. Vor allem der freie Blick auf die Tiere ist ihr wichtig. Möglichst wenig Gitter oder unschöne Barrieren. Dafür ist der Bachlauf im Zoo besonders hilfreich. Die vielen Teiche für die Wasservögel, die Wassergräben, die als Absperrung dienen und im Vergleich zu Gittern auch viel mehr Nähe zu den Tieren ermöglichen.

Nach Biologiestudium und Promotion in Kassel und einem Volontariat in Krefeld arbeitete die gebürtige Fränkin sieben Jahre als Kuratorin und stellvertretende Zoodirektorin in Ueckermünde. 2002 wurde sie dann Leiterin in Augsburg. Eine perfekte Lösung, findet sie, weil der Zoo eine Größe hat, die ihr neben der Managementaufgabe auch noch Raum für den direkten Kontakt zu den Tieren lässt. Sie akzeptiert diese, »so wie sie sind«, will sie weder erziehen noch vermenschlichen.

Augsburg ist mit knapp 300 000 Einwohnern die drittgrößte Stadt Bayerns. Wie in anderen urbanen Gemeinschaften ist für viele hier der Kontakt zu Tieren, abgesehen vielleicht von Hunden, Katzen und Hamstern, kaum noch gegeben. Der Besuch im Zoo ist eine Gelegenheit dazu, führt aber manchmal zu ganz unerwarteten Erkenntnissen. Barbara Jantschke berichtet von einer aufgeregten Mutter, die darüber entsetzt war, dass ihr Kind »mitansehen musste«, wie ein Erdmännchen ein totes Küken aufgefressen hat.

Nun gehören kleinere Vögel neben Insekten und Eidechsen zur natürlichen Nahrung von Erdmännchen. Das Kind hat also ein natürliches, weitgehend artgerechtes Verhalten beobachtet. Anstatt das ihrem Kind zu erklären, war die Mutter erschrocken über diese vermeintliche Grausamkeit. Jantschke resümiert da sehr trocken. »Ich denke, da hat die Mutter einen Erziehungsfehler gemacht. Man muss einem Kind schlicht beibringen, dass das Schnitzel, das es zu Mittag gibt, irgendwann mal ein Schwein war.« Aufklären, Wissen vermitteln, sieht sie als zentrale Aufgabe von Zoos. Auch und gerade, wenn das zu überraschenden Erkenntnissen führt.

Auch die Verantwortlichen und die Mitarbeiter in den Zoos lernen ständig dazu. In der täglichen Arbeit wie bei großen Projekten. So ist die Auswilderung von Tieren, die in ihrem eigentlichen Lebensbereich vom Aussterben bedroht sind, ein hochkomplexes Vorhaben. Nach meist jahrelangen Vorbereitungen in den Zoos und in den Zielgebieten werden geeignete Tiere in ihre natürliche Umgebung entlassen und wo immer möglich noch längere Zeit beobachtet. Ganz besonders am Herzen liegen Barbara Jantschke in diesem Zusammenhang Projekte zum Schutz der

Kleine Vögel sind eine natürliche Nahrung für Erdmännchen

Plumploris, einer kleinen, nachtaktiven Halbaffenart. Der Augsburger Zoo hält solche Tiere und unterstützt Projekte auf Java und in Bangladesch finanziell. Deshalb hat es sie auch getroffen, als sie erfahren musste, dass eines der ausgewilderten Tiere von einem anderen Plumplori getötet worden war. »Viele Leute vergessen, dass die Natur durchaus grausam sein kann, da ist nicht immer alles Sonnenschein. Und abgesehen von Rivalenkämpfen gibt es natürlich auch Beutegreifer, die sich von anderen Tieren ernähren.« Tierleben entspricht gerade in der Wildnis nicht den romantischen Bilderbuchvorstellungen.

Plumploris sind bedroht, weil sie so süß aussehen.

Konkrete wissenschaftliche Arbeiten entstehen regelmäßig in Zusammenarbeit mit Universitäten und Hochschulen. Zuletzt war das eine Studie über die Kommunikation bei Nashörnern und über das nächtliche Verhalten von großen Säugetieren wie Zebras, Giraffen und Nashörnern. Aber auch für Wissenschafts- und Projektseminare von Schülerinnen und Schülern der Oberstufe an Gymnasien bietet der Zoo reichlich Ansatzpunkte. Und schließlich ist die tägliche Arbeit mit den Tieren ein ständiger Lernprozess. Daraus leitet sich nicht immer gleich eine wissenschaftliche Arbeit ab. Aber es trägt zur ständigen Verbesserung und Optimierung der Tierhaltung bei.

Begeisterung für ihre Aufgabe, Humor und Pragmatismus kennzeichnen die Direktorin, die ihr Büro am Rande des Parks hat. Trocken berichtet sie, wie aus zwei alten Elefantendamen eine junge Bullengruppe wurde.

Die beiden Asiatischen Elefantenkühe Burma und Targa waren über drei Jahrzehnte Markenzeichen des Zoos und Publikumslieblinge. Als 2017 konkret mit den Planungen für ein neues, dem aktuellen Wissenstand angepasstes Elefantenhaus begonnen wird, waren die Damen schon sehr alt und es war nicht sicher, ob sie das neue Haus noch erleben würden. Nach der Eröffnung

2020 wollten die beiden ihr altes Haus, an das sie sich gewöhnt hatten, nicht verlassen. 2021 musste Burma im Alter von 53 Jahren eingeschläfert werden. Targa machte sich das neue Haus dann doch noch zu eigen, starb aber ein Jahr später im hohen Alter von 67. Sie zählte damit zu den weltweit ältesten Elefanten in menschlicher Obhut. Inzwischen waren die Damen Frosja und Luise aus dem Berliner Zoo eingetroffen. Die hatten viel Spaß auf der Anlage, wechselten aber 2023 in den Zoo von Sofia, denn der für Asiatische Elefanten zuständige Zuchtbuchführer hatte mit Augsburg andere Pläne. Da, wie bei vielen anderen Tierarten auch, eine Zuchtgruppe aus einem Bullen und mehreren Kühen besteht, aber in etwa gleich viele männliche wie weibliche Tiere geboren werden, bildet man auch reine Bullengruppen. Das entspricht durchaus den Verhältnissen in der Natur. Dort leben die weiblichen Tiere mit ihren Jungen in großen Familienverbänden, während die Bullen entweder Einzelgänger bleiben oder sich zu Gruppen mit unterschiedlich alten Individuen zusammenschließen. Die Älteren übernehmen dabei die Erziehung der Jüngeren. Ab 2024 wird Augsburg über drei beeindruckende Elefantenbullen verfügen, die auch im Haus bei freier Sicht von den Besuchern gut beobachtet werden können. Dort haben die Elefanten nun viel mehr Platz, können den speziellen Sandboden und das Badebecken für die Pflege ihrer empfindlichen Haut nutzen. Eine Beregnungsanlage sorgt dafür, dass die Luftfeuchtigkeit der ihrer asiatischen Heimat entspricht. Das Haus war mit einer

Das neue Elefantenhaus mit Naturbod und Luftbefeuchtu

Gesamtsumme von 7,3 Millionen Euro das teuerste Bauwerk des Zoos. Barbara Jantschke verweist stolz darauf, dass andere Zoos ein Vielfaches dieser Summe für entsprechende Anlagen aufwenden müssen.

Neben den Elefanten gehören die Breitmaulnashörner zu den Wahrzeichen des Augsburger Zoos. Seit 1980 werden sie hier erfolgreich gehalten. 2008, nachdem der Bulle Abu und seine Partnerin Toto im Methusalemalter von 45 Jahren gestorben waren, wurde eine neue Zuchtgruppe aufgebaut. Zurzeit leben dort der Bulle Bantu mit seinen Frauen Baby, Kibibi, Numbi und Wiesie. Mehrere Jungtiere wurden inzwischen geboren, zuletzt Nero im Februar 2023. Nashörner sind deshalb so gefährdet, weil in asiatischen Ländern dem Horn immer noch magische Kräfte zugeschrieben werden. Weltweit agierende Händler, vergleichbar mit Drogenbanden, nutzen die Notlage armer Menschen in der Nähe von Naturschutzgebieten aus, liefern ihnen Waffen und stiften sie zur Wilderei an. Diese setzen ihr Leben aufs Spiel und werden mit wenigen Dollars für ein Horn abgespeist. Auf dem internationalen Schwarzmarkt wird das Horn dann doppelt so teuer gehandelt wie Gold. Obwohl in den Ländern des südlichen Afrikas inzwischen regelrechte Armeen zur Bekämpfung der Wilderei aufgebaut wurden, sind allein in Südafrika 2022 immer noch rund 450 Tiere wegen ihrer Hörner getötet worden. Laut WWF gab es 2021 nur noch 16 000 Breitmaulnashörner und etwas mehr als 6000 Spitzmaulnashörner in der Natur. Die Bestände asiatischer Nashörner sind noch viel kleiner.

Barbara Jantschke ist neben der eigenen Zuchtgruppe aber auch die direkte Hilfe in den jeweiligen Ländern ein großes Anliegen. Ab 2009 unterstützte der Zoo den RHINO Fund Uganda. Während des Bürgerkriegs in den 1980er-Jahren waren dort die Nashörner komplett ausgerottet worden. Seit 2005 wird in einem eingezäunten Naturschutzgebiet, dem ZIWA Rhino Sanctuary, eine Zuchtgruppe gehalten, in der inzwischen 24 Jungtiere geboren wurden. Wenn die Gruppe weiter wächst, sollten Tiere an andere Nationalparks im Land abgegeben und ausgewildert werden. Bis hierhin ist das eine schöne Erfolgsstory. Allerdings hat sich inzwischen die ugandische Regierung brutal eingemischt, die Leiterin des Projekts und ihr Team mit Waffengewalt vertrieben und selbst die Führung übernommen. Seitdem fließt kein Geld mehr aus Augsburg, denn Barbara Jantschke war entsetzt über den Vorgang und ist generell sehr skeptisch gegenüber afrikanischen Regierungsprojekten. Sie fürchtet, dass die Spenden dort nicht immer sachgemäß verwendet werden und möglicherweise in dunklen Kanälen verschwinden. Aber von solchen Rückschlägen lässt sie sich nicht entmutigen und sucht inzwischen wieder nach einem anderen Nashornprojekt, dem sie die Gelder mit gutem Gewissen anvertrauen kann.

Um solche Projekte regelmäßig und zuverlässig fördern zu können, gründete Barbara Jantschke 2009 einen Naturschutzfonds. Jährlich 40 000 Euro aus dem Budget wurden ausschließlich für solche Zwecke verwendet. Seit 2019 tragen die Besucher inzwischen direkt zu diesem Fonds bei. Pro verkaufter Erwachsenentageskarte geht 1 Euro, pro Kindertageskarte gehen 50 Cent und pro Jahreskarte und Familiensparkarte 5 Euro in den Fonds. Ein spezielles Kuratorium entscheidet einmal jährlich über die Verwendung dieser Gelder. 2021 konnten damit über 400 000 Euro, also das Zehnfache der ursprünglichen Summe, an 15 Projekte im In- und Ausland vergeben werden. Grundsätzlich gefördert werden Freilandprojekte von Tierarten, die vom Aussterben bedroht sind. »Ich möchte mit dem Augsburger Zoo noch viel stärker in Richtung Artenschutz wahrgenommen werden«, sagt Barbara Jantschke. Damit meint sie die Förderung und Umsetzung von Projekten in den Zoos (ex situ) als auch in den jeweiligen Ländern (in situ). Daraus erwachsen aber auch neue Aufgaben, die im Tagesgeschäft nicht

Das Afrikapanorama – Tiergruppen v in der Natur

mehr zu bewältigen sind. Eine stärkere Begleitung der geförderten Projekte wäre ihr wichtig. »Ein eigener Artenschutzkurator, der sich intensiv mit diesen Vorhaben auseinandersetzen, die Berichte auswerten und konkrete Vorschläge machen kann. Das ist, glaub ich, die Zukunft!«

Auch der Zoo selbst soll künftig noch stärker als »grüne Institution« Vorbildcharakter erreichen, der eigene CO_2-Fußabdruck weiter verkleinert werden. Reduzierung des Stromverbrauchs durch LED-Leuchten einerseits und Stromgewinnung mit Photovoltaik andererseits, verbesserte Mülltrennung und Optimierung von Gebäuden und Fahrzeugen sind nur einige Stichworte.

Zur Zeit ist Barbara Jantschke die einzige Zoochefin in Bayern. In einigen Jahren wird sie an eine Nachfolgerin oder einen Nachfolger übergeben. Eines wird sie ganz besonders vermissen, wenn es dann mal so weit ist. »Die Abende auf meinem Balkon mit den Tierstimmen aus dem Park.«

Vegan im Kattaland – Katrin Werner, Tierpflegerin

Katrin Werner

Seit der Trickfilm »Madagascar« Millionen von Zuschauern begeisterte, sind die Kattas vor allem bei den Kindern regelrechte Superstars. Diese Primatenart gehört zur Gruppe der Lemuren. Ihr natürlicher Lebensraum ist ausschließlich die Insel Madagaskar. Ganz wie im Film sind sie gesellig, meist in Bewegung und mit ihren hübschen Gesichtern und den gestreiften Schwänzen wirken sie sehr possierlich und sympathisch. Im Augsburger Zoo leben sie zusammen mit Mohrenmakis und zwei Blauflügelgänsen in einer geräumigen Außenanlage mit natürlichem Bewuchs. Hier gibt es viel Gras, Bambus und Kräuter, sodass zumindest im Sommer nur noch etwas Gemüse zugefüttert werden muss. Ein kleiner Bachlauf mit Wasserpflanzen, Fröschen und kleinen Fischen durchzieht das Gehege. Sogar ein Eisvogel hat hier sein Revier.

Bei schönem Wetter können die Zoobesucher zwischen 12 und 16 Uhr das Gehege betreten und die Tiere ganz unmittelbar beobachten. Freiwillige Helfer sind allerdings immer mit dabei. Nicht um die Menschen vor den Kattas, die durchaus spitze Eckzähne haben, zu schützen, sondern um die Tiere vor Übergriffen der Besucher zu bewahren. Von sich aus ignorieren die Kattas die Besucher weitgehend. »Die sind tiefenentspannt«, erklärt Katrin Werner, seit 2007 Tierpflegerin in Augsburg. Mit vier weiteren Kolleginnen und Kollegen ist sie neben den Lemuren für die Tiere des sogenannten Afrikapanoramas zuständig. Dazu gehören Giraffen, Zebras, Erdmännchen, Mandrills, Wasserschweine und zusätzlich noch Rentiere, Biber, Otter und diverse Fische. Eine körperlich anstrengende Aufgabe, für die man ein hohes Maß an Fachkenntnissen und Erfahrung braucht. Im Lauf ihres Berufslebens hat sie auch andere Bereiche im Zoo kennengelernt, aber dieses Revier hat sie besonders ins Herz geschlossen und hier möchte sie auch bleiben.

In der Freianlage haben die Kattas mit den Mohrenmakis und dem natürlichen Umfeld so viel Interaktion, dass sie keine zusätzliche Beschäftigung brauchen. Auch das sogenannte Medical Training erübrigt sich, weil sie sich von den Pflegern jederzeit gut einfangen und untersuchen lassen. Im Winter im Innengehege wird dann schon nachgeholfen. Streu und Futter werden so verteilt, dass alle suchen müssen, Hundespielzeug kommt gut an und schließlich wird die Inneneinrichtung immer wieder verändert, um nötige Abwechslung zu schaffen.

Katrin Werner lebt vegan, »aus Liebe zu den Tieren, aus Klimaschutzgründen«. Gerade Veganer stehen aber oft kritisch zu Zoos und ganz allgemein zur Tierhaltung (siehe S. 60). Wie passt das zusammen? Sie sieht da keinen Widerspruch und entwickelt aus ihrer eigenen pragmatischen Haltung spontan ein engagiertes Plädoyer. »Im Zoo sind wir ständig dabei, uns zu verbessern. Ich verbringe mehr Zeit bei der Arbeit mit den Tieren als mit meiner Familie. Pauschale Kritik kommt ganz oft von Menschen, die schon lange nicht mehr in zoologischen Einrichtungen waren. Die vielleicht noch ein Bild im Kopf haben, wie es vor Jahrzehnten ausgesehen hat. Wenn man die fragt, wann wart ihr das letzte Mal dort oder wann habt ihr euch mal mit einem Tierpfleger unterhalten, dann sind die relativ schnell sprachlos. Ich denke mir, die dürfen gerne mit uns in Kontakt treten. Wir stehen gerne allen Rede und Antwort. Und wenn ich höre, dass Zoos überholt sind und man das Geld lieber woanders hingeben sollte, dann möchte ich doch mal ein Konzept sehen, wie das aussehen könnte. Die Zoos unterstützen ja finanziell Artenschutzprojekte in den Herkunftsländern der Tiere. Deshalb haben wir in Augsburg ja den Artenschutzeuro. Ohne Zoos würde diese Unterstützung vor Ort komplett wegfallen. Nur wenn wir bei uns den Menschen die Tiere und ihre Lebensbedingungen näherbringen, fangen die an, sich konkrete Gedanken zu machen. Und wenn die dann mal auf eine Spendenaktion vielleicht für den Plumplori treffen, weil der wieder ausgewildert wird, dann denken die, hey, so einen hab ich doch letztens im Augsburger Zoo gesehen. Der war total niedlich. Dem will ich helfen. Da spende ich.«

Die Kattas im begehbaren Gehege

Artenschutz vor Ort – Marcel Stawinoga, Plumploris e. V.

Marcel Stawinoga

Plumploris sind kleine, nachtaktive Primaten. Ihre runden Augen sind im Verhältnis zum Kopf sehr groß und verleihen auch den erwachsenen Tieren dieses typische kindliche Aussehen, das wir Menschen so liebenswert und süß finden. Und genau das ist das Problem.

2013 postete die Popsängerin Rihanna auf Instagram ein Selfie von der Insel Phuket. Mit einem kuschelig aussehenden Plumplori. Die Fans waren begeistert, aber die thailändische Polizei verhaftete zwei Männer, die Rihanna das Tier beschafft hatten. Plumploris gelten als gefährdet bis vom Aussterben bedroht und sind seit 2007 im Washingtoner Artenschutzabkommen gelistet, womit der kommerzielle Handel von wild gefangenen Plumploris verboten ist. Ob die beiden Männer tatsächlich für mehrere Jahre ins Gefängnis kamen, ist unklar. In jedem Fall wollte die Polizei medienwirksam agieren, denn Touristenfotos mit Plumploris sind trotz Verbot ein Massenphänomen und für viele ein gutes Geschäft.

Die Heimat der süßen Äffchen ist Süd- und Südostasien und reicht von Bangladesch über Indien, China, Vietnam, Thailand bis Java und Borneo. Sie leben auf Bäumen und lassen sich relativ leicht fangen, während sie zusammengerollt schlafen. In den Touristenzentren werden sie den Gästen auf der Straße gern in die Hand gedrückt. Einige Euro kostet dann ein Foto mit dem Tier im Arm. Ein extrem leicht verdientes Geld. Die sozialen Medien sind voll mit solchen Bildern und heizen das Geschäft weiter an. Nun wäre das Fotografieren allein noch kein Drama. Schlimm sind die Konsequenzen für die Tiere. Sie werden meist in völlig unzureichenden Käfigen gehalten, falsch ernährt und müssen ihren »Fotojob« bei Tageslicht und Sonnenschein erledigen, obwohl sie ausschließlich nachtaktiv sind. Das ist aber noch nicht alles. Unter ihrer Armbeuge haben die Plumploris Drüsen, die ein Sekret absondern können. Bei Gefahr oder im Konkurrenzkampf schlecken sie es ab. In Verbindung mit dem Speichel wird es giftig und kann schmerzhafte Wunden verursachen. Um ihre zahlende Kundschaft zu schützen, knipsen die Händler den Tieren deshalb die Eckzähne ab. Die Folge sind Entzündungen und oft auch der Tod. Touristen, die von der Problematik gehört haben und Tiere »freikaufen« wollen, tappen in die nächste Falle. Die Plumploris werden scheinbar freigelassen, wieder eingefangen und neu angeboten. Das Geschäftsmodell ist so erfolgreich, dass sie bis in die Türkei geschmuggelt werden, um dort ebenfalls mit Kuschelfotos ihre Händler zu ernähren.

Marcel Stawinoga hat einen Master in Kommunikationsmanagement und leitet seit 2020 die Presse- und Öffentlichkeitsarbeit im Zoo Dortmund. Im Winter 2016/2017 war er für ein Praxissemester auf Sumatra, als er ganz unmittelbar mit dem traurigen Schicksal der Plumploris in Berührung kam. Die örtlichen Naturschutzbehörden ließen konfiszierte Tiere einfach wieder frei, ohne zu prüfen, ob die überhaupt noch überlebensfähig waren. Marcel Stawinoga entschloss sich, den Verein Plumploris e.V. zu gründen, der seit 2021 eine Auffangstation und Auswilderungsprojekte in Bangladesch betreibt. Rund 25 von der Polizei beschlagnahmte Tiere wurden dort seitdem betreut und im Idealfall auch wieder ausgewildert. Das setzt voraus, dass die Tiere gesund sind und sich selbstständig ernähren können (Zähne!). Nach der Entlassung in die Natur bleibt die Arbeit für das achtköpfige Team intensiv. Um zu sehen, ob die Auswilderung auch gelingt, werden die Tiere mit Sendehalsbändern versehen. Mitarbeitende der Station ziehen nachts mit Antenne und Reciever los, um zu überprüfen, wo die Plumploris sind und ob sie sich in der Natur behaupten können. Das ist zeitaufwendig und teuer. Ein Sendehalsband kostet 150 Euro, Antenne und Receiver rund 2400 Euro. Die Mitarbeiter, die die Tiere in der Station pflegen, die Ausgewilderten nachts suchen und auch Aufklärungsarbeit in Schulen leisten, werden über Honorar bezahlt. Insgesamt ist das Projekt in Bangladesch 2023 mit rund 54000 Euro

Plumplori in illegaler Käfighaltung

Ausgewilderter Plumplori mit Sendehalsband

kalkuliert. Der Zoo Augsburg unterstützt es von Anfang an und hat sich 2022 mit 16 000 Euro und 2023 mit 28 000 Euro beteiligt.

Plumploris e. V. arbeitet in engem fachlichem Austausch mit dem sogenannten Little Fireface Project auf Java zusammen. Prof. Dr. Anna Nekaris von der Oxford Brooks University erforscht ganz grundsätzlich Leben und Verhalten verschiedener Loriarten. Auf Java ist es speziell eine Langzeitstudie zu Plumploris. Auch dieses Projekt wird vom Augsburger Zoo mit 20 000 Euro pro Jahr unterstützt.

Artenschutz daheim – Tag der Artenvielfalt

Um auf das Schwinden der Vielfalt des Lebens aufmerksam zu machen, haben die Vereinten Nationen seit 2000 den 22. Mai als Tag der Biodiversität benannt. 2023 hat der Zoo Augsburg erstmals einen eigenen Tag der Artenvielfalt veranstaltet. 6000 Besucher konnten sich über die Gründe des weltweiten Artenschwindens informieren, aber auch über die Leistungen, die der Augsburger Zoo in diesem Bereich erbringt. Ein besonderer Schwerpunkt lag dabei auf den Kooperationen mit regionalen Umweltverbänden, die sich für den Schutz einheimischer Arten engagieren. Sie waren mit zahlreichen Ständen vertreten und durften feststellen, dass ihre Themen bei den Zoobesuchern genauso großes Interesse fanden wie Informationen zu Löwen und Nashörnern. Die Kooperationen mit dem Zoo bewerten sie alle als hilfreich. Hier einige Beispiele:

BUND

Alexander Helber von der Kreisgruppe Donau-Ries freut sich über die jahrelange finanzielle Unterstützung eines Schutzprojekts für Wiesenbrüter im Donauried. Auch in der sogenannten Mertinger Höll, einem Gebiet zwischen Mertingen und Donauwörth mit Moorbereichen und Streuwiesen, will der BUND die Lebensbedingungen für Wiesenbrüter wie den Großen Brachvogel, den Kiebitz oder das Braunkehlchen verbessern. »Wir versuchen verschiedene Naturschutzgebiete zu vernetzen und Trittsteine zu schaffen.«

Wann haben Sie zuletzt eine Kreuzotter in der Natur gesehen?

Seine Kollegin Kristine Kamm von der Kreisgruppe Augsburg schätzt am Augsburger Zoo, dass dort auch einheimische Reptilien wie zum Beispiel Kreuzottern gezeigt werden. »Das sind Tiere, die wir in der Natur gar nicht mehr sehen, obwohl sie noch vorkommen.«

Fischereiverband Schwaben

Vor dem Aquarium des Zoos, in dem einheimische Fische zu sehen sind, hat der Fischereiverband Schwaben seinen Stand. Die vielen Nachfragen der Besucher bestätigen Hubert Schuster, dass es einen großen Informationsbedarf gibt. »Die Menschen staunen vor allem, wenn wir ihnen die Kleinlebewesen unserer Gewässer zeigen. Die sind vielen Leuten gar nicht bewusst. Aber dann fragen sie nach.« Für das Lebensgefüge unter Wasser und die Nahrungskette sind sie unverzichtbar. Bei einheimischen Fischen denken die meisten an Forellen, Saiblinge, Hechte, Zander oder Karpfen. Aber wer kennt schon gefährdete Kleinfischarten wie Mühlkoppe, Schneider, Gründling oder Elritze? Diese Fischarten sind für die Angelfischerei uninteressant, weil sie keine Speisefische sind, sie stellen aber gleichzeitig die Nahrungsgrundlage für Raubfische wie Forellen, Hechte und Huchen dar. Ohne sie würden die Raubfische schlicht verhungern. Deshalb werden die gefährdeten Fischarten von Fischereihöfen gezüchtet und von den Fischervereinen über Artenhilfsprogramme in den Gewässern ausgesetzt. Sie machen damit das Gleiche wie Zoos, wenn diese bedrohte Tierarten über Zuchtprogramme erhalten.

Pilzverein Augsburg-Königsbrunn e. V.

Beim Thema Artenschutz denkt man an vieles, aber vermutlich nicht gleich an Pilze. Ein Fehler, meint Martina Röhrig vom Pilzverein Augsburg-Königsbrunn. Artenvielfalt bezieht sich ja nicht nur auf Tiere, sondern genauso auf Pflanzen. Aber Pilze sind auch keine Pflanzen, weil sie keine Photosynthese betreiben und sich wie Tiere durch die Aufnahme organischer Substanzen ernähren. Sie sind also etwas ganz Besonderes. Die Gelegenheit, beim Tag der Artenvielfalt im Zoo über Pilze zu informieren, nimmt der Verein deshalb gerne an. Die intensive landwirtschaftliche Nutzung von Wäldern und Wiesen betrifft viele Pilzarten. Düngemittel und saurer Regen verändern die Bodenstruktur und reduzieren die Lebensgrundlage für seltene Pilze. Als Beispiel nennt Martina Röhrig den Rosenroten Saftling. Er ist relativ klein, zart rosa und braucht einen nährstoffarmen Boden. Ähnlich gefährdet sind kleine Keulenpilze, die schwer zu entdecken sind und die deshalb auch kaum jemand kennt.

Fledermausschutz Augsburg e. V.

Der Augsburger Zoo unterstützt mit dem Naturschutzfonds den Fledermausverein schon seit vielen Jahren. Rund 2000 Euro vorwiegend für Fledermausnistkästen im Wald werden jährlich überwiesen. Einer der Besucher am Infostand fragt, ob es denn bei uns überhaupt noch Fledermäuse gäbe. Vereinsvorsitzende Claudia Weißschädel wundert das nicht. »Wenn man sich mit Fledermäusen nicht näher beschäftigt, dann sieht und

Claudia Weiß-schädel bei de[r] Nistkasten-kontrolle

hört man die abends gar nicht. Aber wenn man weiß, worauf man achten muss, ist man überrascht, wie viele Tiere da abends unterwegs sein können.« Die häufigsten Arten sind die Zwergfledermaus, die Weißrandfledermaus und wegen der vielen Gewässer in Augsburg auch die Wasserfledermaus. Deren Bestände sind relativ stabil. Deutlich seltener als früher sieht man den Großen Abendsegler. Diese Art verbringt meist den Winter hier im Süden Deutschlands. Die Weibchen ziehen die Jungen im Norden von Europa auf. Ob sich ihr Lebensraum wegen des Klimawandels insgesamt eher nach Norden verlagert, lässt sich aber noch nicht sagen.

Wie ihre Kolleginnen und Kollegen von den anderen Umweltverbänden sieht sie im Augsburger Zoo ein ganz wesentliches Element der Umwelterziehung. Die Möglichkeit, lebendigen Tieren zu begegnen, sich Wissen über sie anzueignen und sich auch vom einen oder anderen faszinieren zu lassen, ist die Grundvoraussetzung dafür, »dass wir uns überhaupt für die Erhaltung der Artenvielfalt engagieren«.

Über Ruanda nach Augsburg – Maximilian Fuchs, Zoopädagoge

Während der Pandemie lag das Thema Zoopädagogik brach. Ebenso wie die Schulen waren die Zoos deutschlandweit geschlossen und auch danach ging es erst langsam wieder los. In Augsburg wurde der Neustart nach Corona aber durch zwei sehr positive Neuerungen begünstigt. Direkt im neuen Elefantenhaus gibt es nun, von einem Sponsor finanziert, zwei helle, mit moderner Technik ausgestatte Räume, die sich für Workshops, Besprechungen oder Unterrichtseinheiten eignen. Ein »Umweltbildungszentrum im Zoo«, wie es programmatisch benannt ist, mit direktem Blick auf Elefanten, Sternschildkröten und Kleinasiatische Stachelmäuse.

Maximilian Fuchs ist seit 2023 Leiter dieser Einheit und soll den Anspruch, der aus dem Titel erwächst, in konkrete Angebote umsetzen. In Karlsruhe hat er Biologie und Geografie fürs Gymnasium studiert und in verschiedenen Zoos Erfahrungen gesammelt, als Praktikant, im Rahmen eines Freiwilligen Ökologischen Jahrs oder bereits in der Zooschule in Landau in der Pfalz, die sich als Zentrum für Bildung für nachhaltige Entwicklung definiert. »Es war schon immer mein großer Traum in einem Zoo zu arbeiten. Ich will Menschen für Tiere und Natur begeistern. Klar kann man Kindern auch im Wald Natur näherbringen, aber ich glaube, dass Zoos eine ganz andere Anziehungskraft haben, wegen der vielen Tiere, die es sonst nirgends gibt.« Die Zooschule in Landau war für Maximilian Fuchs ein besonders guter Einstieg, weil sie eine Kooperation mit dem Lehramtsstudiengang der dortigen Universität unterhält. Studierende konnten Konzepte für Unterrichtseinheiten entwickeln und erproben, Führungen machen oder Aktionstage durchführen. Besonders spannend wurde es aber, als eine Bildungspartnerschaft der Zooschule mit der Artenschutzorganisation Rwanda Wildlife Conservation Association initiiert wurde. Zwischen Rheinland-Pfalz und Ruanda besteht seit über 40 Jahren eine Partnerschaft, die über die Entwicklungszusammenarbeit hinaus Begegnungen im gesellschaftlichen und kulturellen Leben ermöglicht. Im Rahmen des Projekts »Vogelschutz und Vogelvielfalt« wurde ein Austauschprogramm entwickelt. Maximilian Fuchs durfte mit einer Gruppe aus Pädagogen und Pädagoginnen Ruanda besuchen und große Teile der Organisation übernehmen. Schwerpunkt der Reise war der Schutz des Östlichen Kronenkranichs und anschließend, nach dem Gegenbesuch in Landau, wurde an der Entwicklung gemeinsamer Bildungsmaterialien gearbeitet. Anschließend hatte er gerade das Referendariat für Lehramt begonnen, als ganz kurzfristig das Angebot aus Augsburg kam, die Zoopädagogik zu übernehmen, und er hat sich gegen den Beamtenstatus und für den Zoo entschieden.

Maximilian Fuchs erklärt die Häutung bei Schlangen

Wann hat man schon mal ein lebendes Blatt auf der Hand?

Die Ausbildung von zusätzlichen Zoobegleitern, die Führungen übernehmen, und der Aufbau von Bildungsangeboten für Kinder stehen für Maximilian Fuchs zunächst im Vordergrund. Dabei soll es nicht nur um das Erklären einzelner Tierarten und ihrer Lebensbedingungen gehen. Ernährungs- und Umweltthemen werden je nach Alter angemessen und spielerisch vermittelt. »Zum Beispiel haben wir eine Unterrichtseinheit zum Thema Plastikmüll in den Ozeanen. Auf einem großen blauen Tuch platzieren wir Meereslebewesen als Stofftiere. Dann schauen wir uns draußen die entsprechenden Tiere an, die wir im Zoo dazu haben, und erklären deren Lebensweise. Wenn die Kinder zurückkommen, liegt auf dem Tuch vorwiegend Müll. Die Beziehung zwischen unserem Verhalten und den Lebensräumen der Tiere wird deutlich. Das lassen wir natürlich nicht so stehen. Wir wollen die Kinder ja nicht verschrecken, sondern Handlungsoptionen aufzeigen. Wir wollen ihren gesunden Optimismus fördern, ihre Vorstellung, die Welt gestalten zu können.«

Neben den Kindern will Maximilian Fuchs natürlich auch Jugendliche und Erwachsene ansprechen. Früher wurde die Berechtigung von Zoos überhaupt nicht hinterfragt. Heute wird die Haltung von Tieren auch kritisch gesehen. »Ich denke, viele Menschen haben zu wenig Ahnung von Zoos und der Art und Weise, wie hier Tiere gehalten werden und mit welcher Begründung das geschieht. Da sind wir als Zoos in der Bringschuld, das gut zu erklären.«

Elefanten sind sooooooo groß!

Der Organisator – Helmut Schuler, Freundeskreis

Mit großen Projekten kennt er sich aus. Helmut Schuler, Diplomingenieur für Bauwesen, war lange Jahre in leitender Funktion einer Augsburger Firma für Baustoffe. Eigentlich ist er jetzt im Ruhestand, praktisch engagiert er sich in der Kommunalpolitik und seit 2022 als Vorsitzender des Freundeskreises Augsburger Zoo e.V. Aufgewachsen ist er auf einem Bauernhof mit Milchwirtschaft, Kälberzucht, Schweinen und Hühnern. Als Kind war er manchmal bedrückt, wie grob der Umgang mit Haustieren damals war. »Gott sei Dank wird es heute vor allem von den jungen Landwirten ganz anders gesehen. Die gehen ordentlich mit ihren Tieren um.«

Helmut Schulers Chef war 1995 Gründungsmitglied des Fördervereins. Er erkannte, dass für die Weiterentwicklung des Zoos wesentliche bauliche Veränderungen anstanden. Ein Fachmann fürs Bauen war gefragt und er bat seinen Mitarbeiter, doch auch in den Verein einzutreten und sich zu kümmern. Umbau und Erweiterung der Bärenanlage war damals das erste große Projekt. Tiefbau, Wasserbau, Kanalbau, eine komplexe Aufgabe, bei der Helmut Schuler neben seiner beruflichen Tätigkeit die Planung, Organisation und Umsetzung wesentlich unterstützte. 14 weitere große Zooprojekte folgten in den nächsten Jahren. Der Freundeskreis hat mittlerweile weit über 1300 Mitglieder, Tendenz steigend. Diese Verbindung zwischen der lokalen Bevölkerung mit »ihrem« Zoo hat durchaus emotionale Züge. »Wir genießen das, weil wir durch die große Unterstützung finanziell sehr gut gestellt sind und damit wichtige Projekte regelmäßig angehen können.« Hier nur einige Beispiele: Für Pelikan- und Seehundanlage konnten jeweils über 200 000 Euro aufgebracht werden. Die begehbare Kattaanlage erhielt 250 000 Euro und für das Reptilienhaus wurden über 500 000 Euro eingesetzt. Am Neubau des Elefantenhauses war der Förderkreis sogar mit einer knappen Million Euro beteiligt. Für die drei Schimpansen bietet das jüngste Projekt, der Umbau ihrer Außenanlage, viel mehr Möglichkeiten zum Klettern, Spielen und Entspannen. Sonnenschutz für die heißen Tage und eine Bodenheizung für die Übergangszeit wird von den dreien gern angenommen und große

Glasflächen ermöglichen den Besuchern ungestörte Sicht. Gesamtkosten rund 800 000 Euro.

Erwachsene Mitglieder zahlen 100 Euro, eine Familie mit Kindern bis 18 Jahre 150 Euro. Als Gegenleistung gibt es ganzjährig freien Eintritt, Sonderführungen, organisierte Ausflüge zu anderen Zoos und aktuelle Informationen der Zooleitung. Der Mitgliedsbeitrag für Firmen beträgt 250 Euro, wird aber oft durch zusätzliche Spenden für einzelne Projekte ergänzt. Zurzeit sind rund 100 Firmen als Mitglieder eingetragen.

Ebenso unspektakulär wie erfolgreich ist das sogenannte Glücksrad. Seit 2003 ist es im Zoo oder bei anderen Veranstaltungen im Einsatz. Gegen eine Spende darf man am Glücksrad drehen und je nach Tiermotiv, das angezeigt wird, erhält man einen kleinen Gewinn. Das sind vorwiegend holzgeschnitzte Wildtiere, die Klaus Schwenk, Seniorchef der Zoogaststätte und Zweiter Vorsitzender des Freundeskreis, über persönliche Verbindungen direkt in Kenia herstellen lässt. Das sorgt dort für Arbeit und hat im Laufe von 20 Jahren eine Spendensumme von rund 2 Millionen Euro ermöglicht.

Die Zooleitung plant als nächstes Großprojekt das sogenannte Himalaya-Land. Wo jetzt unter anderem Steinböcke und Wasserbüffel untergebracht sind, sollen künftig unterschiedliche Tierarten aus dem Lebensraum Hochgebirge in einer gemeinsamen, rund 1 Hektar großen Anlage leben. 2024 sollen die Arbeiten beginnen. Geschätztes Kostenvolumen: um die 4 Millionen Euro. Der Förderkreis will das wieder großzügig unterstützen und freut sich vor allem darauf, mit der Haltung von Schneeleoparden dieser gefährdeten Tierart ein Stück Zukunft zu sichern.

Helmut Schuler ist während seines Berufslebens viel gereist. Inzwischen vermeidet er das Fliegen, ist lieber in Deutschland, Österreich und der Schweiz unterwegs. Fernreisen, um Tiere in der Natur zu beobachten, sind seine Sache nicht. »Was mich an der Tierwelt reizt, hab ich im Zoo oder bei mir im Garten. Einen Teich, ein paar Fische, Kröten und Frösche.«

Der Goldtak
wird demnächst ins
Himalaya-La
umziehen.

Brachvogel (1), Kiebitz (2) und Wiedehopf (3) sind in Deutschland gefährdet.

Rotbüffel und Mantelpaviane leben gemeinsam auf einer Anlage.

Der gefährdete Sri-Lanka-Leopard wird aktuell in Deutschland nur im Zoo Augsburg gehalten.

Der neue große Abenteuerspielplatz

Die Lebensräume des Mähnenwolfs werden immer kleiner.

e zentrale
ogaststätte
: schönem
ergarten

Nasenbären leben in Mittel- und Südamerika.

TIERPARK HELLABRUNN

Steckbrief Hellabrunn

Gegründet: 1911
Inhaber: Tierpark Hellabrunn AG, Mehrheitsaktionär Stadt München
Fläche: 40 Hektar (56 Fußballfelder)
Tierbestand in Zahlen: rund 560 Arten
Charakter: Geozoo der Biodiversität, Parkanlage im Flora-Fauna-Habitat der Isarauen
Besondere Tierarten: Asiatische Elefanten, Drill, Patzcuaro-Querzahnmolch, Rotschulter-Rüsselhündchen
Artenschutzprojekte in Zahlen: beteiligt sich an 50 Europäischen Erhaltungszuchtprogrammen (EEP), 13 Europäischen Zuchtbüchern (ESB) und 21 Internationalen Zuchtbüchern (ISB), unterstützt 14 Artenschutzprojekte im Freiland
Bildungsangebote: Tierparkschule, Artenschutzzentrum, Führungen, Vorträge, Infomobile mit Artenschutzbotschaftern, Ausstellung »Regionale Ernährung«, Spielstationen mit edukativen Inhalten, Zeichenkurse, Fotokurse, Podcast »Mia san Tier«
Beschilderung: deutsch, englisch
Besondere Events: öffentliche Tiertrainings und kommentierte Fütterungen, Spezialführungen, Kindergeburtstage, Besuch beim Lieblingstier u. a.
Gastronomie: zentrales Tierparkrestaurant, 10 Cafés und Imbissstände
Besuchereinrichtungen: 6 Toiletten, 5 Wickelräume, ausleihbare Bollerwägen und Elektromobile
Spielplätze: 4 Spielplätze
Inklusion: barrierefreie Tierhäuser und Besucherwege, inklusionsfördernde Edukationselemente
Infomaterial: Zooplan, diverse Infobroschüren, Podcast »Mia san Tier«
Shop: Shops an beiden Eingängen und im Mühlendorf
Hunde: 1 Hund pro Person an kurzer Leine, nicht in den Tierhäusern, Anbinden verboten
Organisierte Förderer: Förderkreis Hellabrunn
Mitgliedschaften: WAZA, EAZA, VdZ, Species360
Adresse: Tierpark Hellabrunn AG, Tierparkstraße 30, 81543 München
Tel.: 089/625080
E-Mail: tierpark@hellabrunn.de
Website/Social Media: www.hellabrunn.de
Facebook, Instagram, X

Tierpark Hellabrunn – damals und heute

Wenn es ums Geld ging, war Prinzregent Luitpold deutlich vorsichtiger als sein Neffe König Ludwig II. Als ihm die Mitglieder des 1905 gegründeten Vereins Zoologischer Garten in München die Schirmherrschaft für die Zoogründung antrugen, lehnte er zunächst ab. Zu unsicher schien ihm die finanzielle Grundlage. Erst als Münchner Brauereien sich mit größeren Summen beteiligten, willigte er ein. Am 1. August 1911 war es endlich soweit. Der Haupteingang, der heutige Isareingang, öffnete seine Tore, Aristokratie und Bürgertum feierten im noblen Waldrestaurant.

Nachdem die ersten Versuche, einen Zoo in München zu etablieren, 1863 gescheitert waren (siehe: S. 16), war jahrzehntelang nichts mehr passiert. In anderen deutschen Städten wie Berlin (1844) oder Frankfurt (1858) war man längst stolz auf die eigenen Zoologischen Gärten, die in der Bevölkerung sehr beliebt waren. Eine Gruppe gut situierter Bürger, Kaufleute und Bankiers, angeführt von Bürgermeister Wilhelm Ritter von Borscht, ergriff die Initiative, um mit den anderen Städten wieder gleichzuziehen. Ein großes Grundstück in Thalkirchen, eine vom Auer Mühlbach durchflossene Auenlandschaft, schien beste Bedingungen für eine naturnahe Tierhaltung zu bieten und war praktischerweise

Das ehemalige Waldrestaurant

im Besitz der Stadt. Architekt Emanuel von Seidl entwarf den Plan für den gesamten Tierpark und die prägenden Gebäude, das Waldrestaurant, die Löwenterrasse und das Elefantenhaus. Nur Letzteres ist heute, nach einer Komplettsanierung, noch erhalten und das Wahrzeichen von Hellabrunn geblieben. Der Bau des Hauses war aber mit einer Summe von damals 300 000 Mark extrem teuer. Die Schuldenlast drückte so sehr, dass der Verein 1922 Insolvenz anmelden musste. Nach nur elf Jahren war auch der zweite Versuch, einen Tierpark zu etablieren, gescheitert. Ein Großteil der Tiere wurde vom fast gleichaltrigen Tiergarten Nürnberg übernommen. Dort hatte man gleich auf die Gesellschaftsform der Aktiengesellschaft gesetzt und damit erfolgreicher gewirtschaftet. Daran orientierten sich nun auch die Münchner. 1928 kam es zu einer spendenfinanzierten Wiedereröffnung und im Januar 1929 wurde die Münchner Tierpark-Aktiengesellschaft mit einem Startkapital von 600 000 Mark gegründet. Die Stadt München war von Anfang an Hauptaktionär und hält auch heute noch die Mehrheit der Aktien.

Eine solide finanzielle Grundlage und das vom neuen Direktor Heinz Heck entwickelte Konzept des Geozoos lenkten den Tierpark nun in die Erfolgsspur. Schon 1931 hatte München nach Berlin den zweitgrößten Zoo Deutschlands. Die Gliederung der Tiergehege nach Erdteilen wurde von der Presse hoch gelobt und das Publikum freute sich daran, von einem Kontinent zum nächsten zu spazieren und dabei die jeweils typischen Tiere zu bestaunen. Heinz Heck legte großen Wert auf die Nachzucht seltener Tierarten. Einerseits um schon damals bedrohte Arten zu retten, aber auch um mit dem Verkauf von Tieren an andere Zoos Einnahmen zu erwirtschaften. Zwei spektakuläre Neubauten prägten den Münchner Tierpark in den 1930er-Jahren. Im nüchternen Stil der neuen Sachlichkeit entstand ein Komplex aus sechs Häusern für verschiedene Gruppen von Menschenaffen. In der Presse wurde es als größtes Menschenaffenhaus der Welt gefeiert. Das neue Aquarium, das bis heute weitgehend dieselbe Form behalten hat, präsentierte die Fische ebenfalls nach dem Prinzip des Geozoos. Es galt als größte Fischsammlung Europas. Der Aufstieg Hellabrunns zu einem der weltweit bekanntesten Tierparks hatte begonnen.

Dann kam der Zweite Weltkrieg. Zunächst gelang es ganz gut, den Mangel an Futter und Personal zu überbrücken. Aber 1944 zerstörten schwere Bombenangriffe Gebäude und Gehege, Hellabrunn musste wieder geschlossen werden. Kurz vor Kriegsende hatten deutsche Soldaten noch versucht, den Einmarsch der Amerikaner zu verhindern, indem sie mit einem Straßenbahnwagen die Thalkirchener Brücke vor dem Tierpark blockierten. Mithilfe der Elefantendame Lelabati schleppten die Mitarbeiter den Wagen wieder von der Brücke, die amerikanischen Panzer konnten die Isar überqueren und Hellabrunn blieben heftige und sinnlose Gefechte erspart. Die Amerikaner bedankten sich, indem der Tierpark schon wenige Wochen nach

Das historische Elefantenhaus wurde nach Umbau 2016 neu eröffnet.

Kriegsende wieder eröffnen durfte. Ein Drittel der Tiere hatte aber nicht überlebt und die Hälfte der Gebäude war komplett zerstört.

Der Wiederaufbau nach dem Krieg wurde vor allem von der Stadt München und Sponsoren finanziell unterstützt. Schäden wurden behoben, neue Projekte angestoßen. War die Idee des Geozoos zunächst vor allem mit dem Konzept der Volksbildung verknüpft, legten die Nachfolger von Heinz Heck die Schwerpunkte stärker auf Forschung und Artenschutz. Die Haltungsqualität der Tiere erhielt oberste Priorität, die Zahl der Individuen wurde reduziert, um den verbliebenen mehr Platz und auch Rückzugsmöglichkeiten zu schaffen. Das Publikum erwärmte sich 1969 an der sensationellen Geburt von Orang-Utan-Zwillingen, die ihre ersten Wochen auf der Frühchenstation des Schwabinger Krankenhauses verbrachten.

Spektakuläre neue Gehege und Gebäude wie die große Freiflugvoliere, das Dschungelzelt für Raubkatzen oder das Urwaldhaus für Schimpansen, Gorillas, Reptilien und Fischarten prägten den Tierpark in den folgenden Jahrzehnten. Wichtige Weiterentwicklungen waren die neue, um das Vierfache vergrößerte Eisbärenanlage (2010), die es den Besuchern ermöglicht, die Bären auch unter Wasser zu beobachten, und die großflächige Giraffensavanne (2013), auf der sich eine Gruppe weiblicher Netzgiraffen perfekt in weitgehend natürlicher Umgebung beobachten lässt.

Ein Artenschutzzentrum lädt die Zoobesucher dazu ein, sich mit den weltweiten Bedrohungen für die Umwelt und viele Tierarten auseinanderzusetzen. Die Vermittlung von Wissen, aber auch von Lösungsansätzen steht dabei im Mittelpunkt.

Durch die Lage des Tierparks im Flora-Fauna-Habitat der Isarauen ist Hellabrunn kein isoliertes Biotop, sondern bietet einer Vielzahl einheimischer Tiere und Pflanzen eine natürliche, nachhaltig geschützte Heimat.

Seit 2014 ist Rasem Baban Direktor in Hellabrunn. Unter seiner Leitung wurde ein Masterplan für die Weiterentwicklung des Tierparks in den kommenden rund 20 Jahren erarbeitet und beschlossen. Der Geozoo der Biodiversität soll neben den neu strukturierten Ökozonen den Blick für die komplexen Zusammenhänge der Lebensbereiche schärfen, Erholung, Wissen und Anregung für das eigene Handeln bieten.

Manager und Diplomat – Rasem Baban, Direktor

Rasem Baban

Es gibt wenige Menschen, die im Nachhinein so entspannt über die zurückliegende Coronapandemie sprechen wie Rasem Baban, Direktor des Tierparks Hellabrunn. »Ich bin an meinen Schrank gegangen und hab den Ordner Notfallplan Tierseuchen herausgeholt. Da war alles drin. Ich habe quasi nur Vogelgrippe durchgestrichen und Corona reingeschrieben.« Einiges musste noch modifiziert werden, aber da ein Tierpark immer davon ausgehen muss, dass eine Tierseuche ausbrechen kann, waren die grundsätzlichen Maßnahmen schon vorgesehen. Hygienevorschriften, Masken und spezifische Schutzkleidung, das war alles bekannt und parat. Überraschend war lediglich, dass die Seuche nicht von den Tieren ausging und Gefahr für die Menschen bedeutete, sondern dass sie umgekehrt von den Menschen kam und eine akute Gefahr auch für die Tiere darstellte, denn Primaten und Katzen waren vom Coronavirus stark bedroht. Trotzdem hatte sich das Leben in Hellabrunn während der Pandemiezeit etwas verändert. Die Besucher waren nicht mehr da und das wurde von den Tieren aufmerksam registriert. Vor allem Affen und Antilopen vermissten das vertraute Bild und reagierten viel intensiver als sonst auf die Kontakte mit den Pflegern.

Rasem Baban ist freundlich, zugewandt, konzentriert. Ein durchweg positiv denkender Mensch, der aber auch gerne die Kontrolle behält, Lösungen in der sachlichen, argumentativen Auseinandersetzung sucht. Das ist nicht einfach, wenn es um Tierwohl, Artenschutz, Naturschutz geht, Themen, die per se stark emotional besetzt sind. »Dabei müssen wir die Emotionen bewusst beiseitelegen, um uns sachlich dem Thema zu nähern, denn mit reiner Emotion bekomm ich keine Lösungen hin.«

Aufgewachsen ist er im ländlichen Schwetzingen. Der Vater war als Student aus dem Irak nach Deutschland gekommen und hatte hier eine Familie gegründet. Die Natur war immer Rasem Babans Spielfeld, wobei Tiere noch gar nicht so im Fokus standen, eher das vielfältige Erleben der Natur. Beim Studium zog es ihn dann zur Architektur, weil er hoffte, dort mehr Kreativität zu finden als in den Naturwissenschaften. Das erfüllte sich eher nicht. Trotzdem setzte er den Weg konsequent fort, ging nach dem Studium in die Bauwirtschaft, lernte Projektentwicklung, Kalkulation und Bauleitung kennen, um zu verstehen, wie Bauprojekte wirklich umgesetzt und fertiggestellt werden. Anschließend wechselte er zu einer Unternehmensberatung, wo er Projekterfahrung auf europäischer Ebene sammeln konnte. Letztlich war ihm diese Branche aber doch zu sehr auf vorwiegend finanziellen Erfolg fixiert. »Das war nicht meine Welt. Ich suchte wieder den Naturbezug, eine Aufgabe, nachhaltig mit der Natur umzugehen.« 2002 brauchte der Zoo in Leipzig einen technischen Leiter unter anderem für das Großprojekt Gondwanaland, eine Riesentropenhalle, die auf 1,6 Hektar die Lebensbedingungen des Regenwalds für rund 200 Tier- und 500 Pflanzenarten ermöglicht. »Da kam alles zusammen, was ich mir so gewünscht hatte, wovon ich aber gar nicht wusste, dass es das gibt. Man baut, man ist ingenieurtechnisch unterwegs, man ist kreativ, man macht was für Flora und Fauna, es ist nachhaltig, es hat etwas mit Wissenschaft zu tun, mit Artenschutz. Da hab ich gewusst, das ist meine Heimat.« Neben der technischen Leitung konnte er in Leipzig noch weitere Erfahrungen sammeln. Er verantwortete auch die Futterwirtschaft und kam immer näher ran an die Bedürfnisse der Tiere. »Die können aber nicht sagen, was sie haben wollen. Deshalb muss man sehr genau auf die Erfahrung der Pfleger, Kuratoren und Tierärzte eingehen. So hab ich sehr viel partizipiert von deren Wissen. Am Ende habe ich mich verstanden als Bauherr der Tiere.« Über zwölf Jahre prägte er die Entwicklung des Leipziger Zoos entscheidend mit und entwickelte eigene Vorstellungen, welche Funktion ein Tierpark im 21. Jahrhundert erfüllen sollte. Das sowohl kreativ zu entwickeln als auch ganz praktisch umzusetzen reizt ihn an der Aufgabe in München. Seit 2014 ist er hier Direktor und inzwischen mittendrin in der Umsetzung des Masterplans zum Geozoo der Biodiversität.

Das Prinzip des nach Erdteilen geordneten Zoos, weltweit erstmals schon in den 1930er-Jahren in München entwickelt und umgesetzt, war in den letzten Jahrzehnten etwas verwässert worden. Im Masterplan von 2016 wurde das Prinzip

Gorilla im Urwaldhaus

der Geozonen neu geschärft. In einem Zeitraum von 20 bis 25 Jahren sollen alle Bereiche optimiert und Tiere aus gleichen Ökozonen soweit wie möglich auf Gemeinschaftsanlagen zusammenleben. Den Besuchern soll dabei das natürliche Umfeld der Tiere ebenso nahegebracht werden wie deren jeweils ganz andere Bedrohungs- oder Gefährdungssituation. Zur Neufassung des Geozooprinzips kommt nun als übergreifende Aufgabe, die Gesellschaft noch stärker für die Bedeutung der biologischen Vielfalt zu sensibilisieren. Die Vereinten Nationen hatten für 2010 bis 2020 eine Dekade der Biodiversität ausgerufen mit dem Ziel, alle Länder zu stärkeren Anstrengungen im Bereich Naturschutz und Erhalt der Lebensvielfalt zu motivieren. Viele Initiativen sind dadurch angestoßen und unterstützt worden, aber nach zehn Jahren ist die Welt noch weit entfernt von einem befriedigenden Ergebnis. Und so wird auch der Auftrag des Tierparks Hellabrunn weit in die nächsten Jahrzehnte hineinreichen.

Für Rasem Baban ist das Bewusstsein für diese Thematik bei uns in Deutschland inzwischen breit angekommen, aber um wirklich sinnvoll und nachhaltig tätig werden zu können, fehlt uns oft noch das nötige Detailwissen. »Klar ist, wenn wir irgendwo in dieses sehr feine Räderwerk der Natur eingreifen, dass wir Effekte erzeugen, die wir entweder sofort bemerken oder aber erst Jahre oder Jahrzehnte später. Um diesen Mechanismus zu verstehen, braucht es noch sehr viel mehr wissenschaftliche Forschung, Verständnis und Aufklärung. Wenn wir unseren Planeten für nachfolgende Generationen beschützen wollen, dann muss man genau wissen, was man wie schützen kann.« Aus Babans Sicht gibt es noch zu viele Projekte, die in bester Absicht geplant und umgesetzt werden, ohne wirklich zu wissen, welche Wirkungen damit langfristig ausgelöst werden. »Die Wissenschaft ist sich bis heute unklar darüber, wie viele Arten von Flora und Fauna es auf diesem Planeten gibt. Zwischen 12 Millionen und 120 Millionen Arten soll es geben. Nur rund 2 Millionen Arten sind einigermaßen wissenschaftlich erforscht. Wir wissen nicht, was in der Tiefsee ist. Wir wissen mehr, was auf der Marsoberfläche los ist. Wenn wir jetzt anfangen nachzudenken, in der Tiefsee Rohstoffe wie Manganknollen abzubauen, muss ich vorher darüber nachdenken, was bewirke ich, wenn ich wieder in diesen ökologischen Kreislauf eingreife.« Deshalb ist es so wichtig, dass in den modernen Zoos aktiv Forschung betrieben wird.

Seit 2022 engagiert sich Rasem Baban als Aufsichtsratsvorsitzender der gemeinnützigen Organisation Species360. Sie ist mit internationalen Fachleuten aus allen Kontinenten und Nationen besetzt. Mithilfe der größten Tierdatenbank der Welt (ZIMS) werden dort auf internationaler Ebene zurzeit 240 Universitäten und Forschungsinstitutionen beim Sammeln, Teilen und Auswerten von Daten über Tierwelt und Artenschutz unterstützt. Über 1200 Zoos und Aquarien weltweit speisen dort alles an Daten ein, was in ihren Bereichen erhoben wird. 22 Millionen Daten zu Wildtierhaltung in menschlicher Obhut sind dort inzwischen gesammelt.

Die Mhorrgazelle lebt in Nordafrika und ist hochgradig vom Aussterben bedroht.

Das Augsburger Huhn die einzige bayerische Hühnerrasse gilt als extre gefährdet.

Die Ergebnisse, die daraus gewonnen werden, stehen allen Zoos zur Verfügung, um Zoomanagement und tiermedizinische Betreuung auf dem aktuellsten Stand zu halten. Aber auch der Erfolg oder Misserfolg von Projekten lässt sich auf Basis dieser Daten genauer untersuchen.

Das Stichwort Biodiversität bezieht Rasem Baban nicht nur auf den Erhalt gefährdeter Tierarten in fernen Ländern. Ganz im Gegenteil. Im neu entwickelten Mühlendorf geht es um Biodiversität »wie sie vor unserer Haustür stattfindet«. Als er nach München kam, stellte er fest, dass es hier, eingebettet in eine schöne Landschaft und die Nähe zu den Alpen, zwar eine hohe Sympathie für Natur- und Umweltthemen gibt, das konkrete Wissen um ökologische Zusammenhänge aber noch deutlich verbessert werden kann. Das Mühlendorf dient deshalb vor allem der Erklärung grundlegender Zusammenhänge in unserem Alltag. Wo kommt unsere Nahrung her? Wie wird sie produziert? Wie kann man das in Einklang bringen, ohne die Biodiversität aufs Spiel zu setzen? Ist es wirklich sinnvoll, alles »bio« zu kaufen, nur weil »bio« draufsteht? »Biojoghurt aus Dänemark macht gar keinen Sinn. Da kauf ich lieber Normaljoghurt aus Oberbayern hier um die Ecke. Man muss wissen, wo kommt was her.« Hier werden den Besuchern auch alte Haustierrassen vorgestellt wie zum Beispiel das Augsburger Huhn. Das legt rund 120 Eier pro Jahr. Eine »moderne« Legehenne liefert rund 300 Eier. Deshalb wird die alte Rasse kaum noch gezüchtet und verschwindet aus wirtschaftlichen Gründen und nahezu unbeachtet aus unserem Leben. »Ist das sinnvoll? Welche Werte stehen dahinter? Das führt wieder zu der Frage: Was konsumiere ich jeden Tag?«

Der Kampf um den Erhalt der Vielfalt des Lebens findet eben nicht nur im

Regenwald Südamerikas oder in den Savannen Afrikas statt, sondern auch direkt vor unserer Haustür. »Wir haben eine Sumpfschildkröte hier in Bayern. Das wissen die Wenigsten. Die ist höchst bedroht. Wir haben eine Bachforelle, die hier vor unserer Haustür schwimmt. Die wird bedroht durch eine Pilzerkrankung, deren Ursachen man noch nicht exakt kennt. Wenn wir das erklären, dann hören die Leute genau zu, weil das ihr eigenes Umfeld ist. Danach ist der Brückenschlag zur Bedrohung in exotischen Ländern leichter. Dann kann man erklären, warum das Palmöl, das in vielen Produkten bei uns verwendet wird, zur Abholzung von Wäldern und damit zur Vernichtung wichtiger Lebensräume führt. Da merken unsere Besucher, wie das alles zusammenhängt.«

Wenn Rasem Baban über den Tierpark Hellabrunn spricht, fällt auf, dass er immer wieder den eher wirtschaftlich geprägten Begriff »Unternehmen« verwendet. Hellabrunn ist eine Aktiengesellschaft, beschäftigt über 200 Mitarbeiter und hat einen Jahresetat von rund 18 Millionen Euro. Die Mehrheit der Aktien hält die Stadt München, der Rest ist im sogenannten Streubesitz. Jeder kann Aktien erwerben, die Warteliste ist allerdings lang, obwohl der Tierpark eine gemeinnützige AG ist und keine Dividenden ausschüttet. Seit Baban Vorstand wurde, ist der Kurs von rund 110 Euro auf ca. 260 Euro gestiegen. »Wir sind ein Unternehmen mit einem ganz besonderen Auftrag.« In dieser Aussage steckt Babans Vorstellung von professionellem Management, verbunden mit dem Anspruch, eine gesellschaftlich wichtige Institution zu sein. Die konkreten Erfahrungen, die er in der Bauwirtschaft oder bei der Unternehmensberatung sammeln konnte, hat er auf die Anforderungen des Zoos übertragen. Alle Projekte werden im Team der Fachleute mit modernen Managementstrukturen erarbeitet. Am Anfang steht immer eine Strategiesitzung der Geschäftsleitung, in der alle Abteilungsleiter und Kuratoren vertreten sind. Das erste Augenmerk liegt auf dem Tierwohl. Entsprechen Gehege und Gebäude noch den aktuellen Anforderungen? Das führt zu einer ersten Priorisierung. Dann kommt der betriebswirtschaftliche Teil: Kosten, Finanzierung, Ressourcen, Dauer. Wenn das alles geklärt ist, wird aus allen beteiligten Abteilungen eine Projektgruppe gebildet. »Was ist die Botschaft für das Publikum? Wie verbindet sich die mit dem Bildungsauftrag? Welches Edukationskonzept finden wir dafür? Was können wir mit Wissenschaft und Forschung dort machen? Welche Artenschutzprojekte ex situ und in situ passen dazu? Welche Tiere wollen wir dort zeigen?« Daraus entwickelt sich eine grobe Planung. Dann folgen externe Ausschreibungen für Planer und Architekten. Mit den Gewinnern beginnt schließlich die konkrete Projektarbeit bis zur Baugenehmigung und Umsetzung. Bei den wichtigsten Arbeitsgruppen sitzt Rasem Baban selbst mit am Tisch.

Ein aktuelles Beispiel ist die Neugestaltung der Dschungelwelt. Bei seiner Eröffnung im Jahr 1995 galt dieses Gebäude als sehr innovativ, weil die Besucher di-

Die neue Löwenanlage liegt bereits in der künftigen Geozone Afrika.

rekt in eine Dschungelatmosphäre eintreten konnten. Die Afrikanischen Löwen waren dort unter dem Aspekt des Geozoos aber gänzlich falsch platziert und der Innenbereich nach heutigem Kenntnisstand für die beiden männlichen Löwen zu klein. Sie sind inzwischen in ein neues, großes Gehege in der künftigen Afrikazone umgezogen. Die äußere Gestalt des Gebäudes wird erhalten bleiben, aber der gesamte Innenbereich wird erneuert und neu strukturiert. Die Dschungelwelt soll dann einen Schwerpunkt für die Vogelwelt im Zentrum der Geozone Asien bilden. Ein Geheimnis macht Baban noch aus einer gefährdeten Tierart, die, in Verbindung mit einem Artenschutzprojekt in deren Heimat, neu nach Hellabrunn kommen soll. Erst zur Neueröffnung der Dschungelwelt im Sommer 2024 will er das Geheimnis lüften. Auch in der Öffentlichkeitsarbeit zeigt er sich als erfahrener Profi.

An der Ludwig-Maximilians-Universität in München unterrichtet Rasem Baban angehende Tierärzte im Fach »Zoomanagement und Zooplanung«. Dabei spannt er den Bogen von der Zoogeschichte bis zu den konkreten Managementaufgaben. Themen sind unter anderem Gehegeplanung, Tiermanagement, Tierseuchenpläne oder die betriebswirtschaftliche Führung eines Zoos. Damit will er angehende Tierärzte oder Wissenschaftler dafür begeistern, in zoologischen Einrichtungen zu arbeiten. Weltweit gibt es rund 10000 solche Unternehmen und Veterinärmediziner mit Wildtiererfahrung sind dringend gesucht.

Rund 2,5 Millionen Besucher kommen jedes Jahr in den Tierpark Hellabrunn. Fast 5000 Mal wurde im Geschäftsjahr 2022 in Print-, TV-, Radio- und Onlinemedien über ihn berichtet. Der eigene Podcast »Mia san Tier« hat rund 5000 Abonnenten und in den sozialen Medien gibt es weitere zig 1000 Follower. Hellabrunn ist über die Grenzen Bayerns und Deutschlands hinaus bekannt und beliebt, ist eine Attraktion für Einheimische und Touristen. Aber wie alle Zoos ist auch Hellabrunn Gegenstand von Kritik. Das können die Haltungsbedingungen einzelner Tierarten sein oder die Fundamentalkritik von Organisationen, die zum Boykott aller Zoos und Wildparks aufrufen. Rasem Baban stellt sich dieser Kritik sehr offen. Den häufiger geäußerten Bedenken zur Eisbärenhaltung (zum Beispiel zu kleines Freigehege) hält er entgegen, dass das tatsächliche Verhalten der Bären durchaus nicht mit unserer Vorstellung übereinstimmt. Wenn in einer Fernsehdokumentation berichtet wird, dass Eisbären bis zu 100 Kilometer weit laufen können, um Futter zu finden, ist das wohl zutreffend. Richtig ist aber auch, dass Eisbären, wie alle Wildtiere, Weltmeister im Energiesparen sind. Wenn das Futter bequemer zu erreichen ist, wird der Bär nur so weit gehen, wie er muss. Auch mit unseren warmen Sommern kämen die Eisbären gut klar. Sie leben seit Generationen in Zoos und sind gut angepasst. Viel wichtiger ist, dass sie immer wieder angemessen beschäftigt werden. Darum kümmern sich die Kuratoren und Tierpfleger aber intensiv.

Manche fordern, Zoos zu schließen und die Etats lieber ausschließlich an Erhaltungsprojekte in den Herkunftsländern gefährdeter Tiere zu geben. Für solche Projekte investierte Hellabrunn allein in den letzten vier Jahren rund 270 000 Euro. »Das könne man schon noch steigern«, sagt Rasem Baban, gibt

Eisbären in der vielfältig strukturierten und vergrößerten Anlage

aber im Einklang mit seinen Kolleginnen und Kollegen in anderen Zoos zu bedenken, dass in vielen Ländern oft gar keine Voraussetzungen mehr gegeben sind, weil die natürlichen Habitate bereits zerstört sind oder die Regierungen andere Prioritäten haben. Um erfolgreich zu sein, braucht es nachhaltige Projekte, die im Einklang mit der lokalen Bevölkerung entwickelt werden. Die werden sich nur für den Erhalt der Wildtiere engagieren, wenn sich dadurch ihre eigene Existenz stabilisieren oder verbessern lässt. Bei allem Respekt vor der Kritik von Zoogegnern gibt es drei Hauptargumente für Zoos, die für Rasem Baban nicht verhandelbar sind:

- **Artenschutz:** Viele Arten haben in freier Natur faktisch keine Überlebenschancen mehr. Es gibt nur noch Restpopulationen in Zoos, die damit zu einem lebenden Genpool geworden sind. Über 50 Arten konnten so in Zoos gerettet und, sofern verbesserte Rahmenbedingungen es wieder zuließen, ausgewildert werden. »Auf der anderen Seite müssen wir unseren Besuchern aber auch klarmachen, dass Zoos alleine die Welt nicht retten können. Aber wir können einen wichtigen Beitrag leisten.«
- **Wissenschaft und Forschung**: Nur in Zoos hat man die Möglichkeit, umfassende Forschungen an Wildtieren unter vergleichbaren Bedingungen durchzuführen und unser Wissen über diese Tiere und die Vielfalt des Lebens insgesamt voranzubringen.
- **Bildung**: Neben der reinen Wissensvermittlung über Tiere und ihre Lebensräume ist hier die große Aufgabe formuliert, unsere Lebensgrundlagen nicht weiter zu zerstören, sondern wieder in ein Gleichgewicht zu bringen. »Wenn wir es eines Tages geschafft haben, dass wir alle Lebensräume wiederhergestellt haben, dass wir ressourcenschonend unterwegs sind, dass wir mit der Energie haushalten, dass wir die Biodiversität schützen für die nachfolgende Generation, dann haben wir unser Ziel erreicht.« Nur zoologische Einrichtungen sind in der Lage, diese drei Aufgaben umzusetzen. »Wenn es Zoos heute nicht gäbe, müsste man sie sofort erfinden.«

Manchmal demonstrieren Zoogegner vor dem Eingang von Hellabrunn. Rasem Baban geht dann auf sie zu, will ihre Argumente kennenlernen, denn er findet, der Blick von außen kann hilfreich sein und vor Betriebsblindheit schützen. Aber man dürfe vor lauter Empörung nicht vergessen, worum es eigentlich geht. »Ich frage sie dann oft, ob wir uns trotz gegensätzlicher Positionen auf ein gemeinsames Ziel verständigen können. Und das können wir eigentlich immer. Das gemeinsame Ziel ist, dass wir diesen Planeten für die nächsten Generationen lebenswert halten, die Biodiversität schützen. Wir müssen Planetenschützer werden. Dafür brauchen wir so viel Kreativität und Energie, die wir nicht in Konfrontationen verspielen sollten.

Wir dürfen keine Energie verschwenden, indem wir überlegen, was der andere alles Böses macht. Zusammenarbeiten, um es besser zu machen. Dahin müssen wir kommen.«

Im Revier mit Haien und Molchen – Lena Bockreiß, Kuratorin

Lena Bockreiß

Pferde fand sie interessant, aber spannender waren Ameisen und Marienkäfer, die sie schon als Kind mit dem kleinen Finger gestreichelt hat. Lena Bockreiß ist heute im Tierpark Hellabrunn Kuratorin für alle Terrarien und Aquarien und damit für das Revier mit der größten Zahl (390) an unterschiedlichen Tierarten in Münchens weltberühmtem Zoo. Selbstverständlich gehören auch Ameisen dazu.

In der Schule war Biologie immer ihr Fach mit den besten Noten. Daneben gab es aber noch die Begeisterung für Ballett und Tanz. So konnte sie schon als Schülerin in einem Ballettstudio für Kinder unterrichten und ihr Wissen weitergeben. Während des Studiums der Biologie kam Tanzen als aktiver Sport leider wieder ins Hintertreffen. Sie setzte Prioritäten und das mit Erfolg. Als wissenschaftliche Mitarbeiterin an Universitäten und beim Deutschen Museum sammelte sie Berufserfahrung und engagierte sich als Artenschutzbotschafterin und Zooguide im Tierpark. Führungen bei Kindergeburtstagen machte sie besonders gern. Es war ihr ein Anliegen, schon den Kleinsten Naturverständnis und Artenschutz näherzubringen. Im Anschluss bekam sie ein zweijähriges Volontariat in Hellabrunn. Das muss sie glänzend absolviert haben, denn direkt danach konnte sie die Stelle als Kuratorin übernehmen. Ihr Traumberuf, wie sie versichert.

Die Hauptaufgabe einer Kuratorin oder eines Kurators ist das Tiermanagement. Während sich Tierpfleger um die konkrete Versorgung und Pflege der Tiere kümmern, hat die Kuratorin den Bestand ihres Revieres im Blick. Welche Tierarten werden gehalten? Wie passt dabei die Geschlechterverteilung? Wie sind die Gehege gestaltet? Was passiert mit dem Nachwuchs? Welche konkreten Pläne haben die Zuchtbuchführer der bedrohten Arten in den EEP?

Sollen Tiere aus Hellabrunn dafür an Zoos abgegeben und an deren Stelle andere Individuen übernommen werden, damit ein stabiler Genpool erhalten bleibt? Wie sind tiergerechte Transporte zu organisieren? Dabei steht sie im Austausch mit zoologischen Einrichtungen in Deutschland, Europa und der ganzen Welt. Um diese Aufgaben leisten zu können, ist sie eingebunden in das ganze berufliche Netzwerk des Tiergartens. Sie ist Schnittstelle zu Tierärzten, Werkstätten, der Bauabteilung, der Öffentlichkeitsarbeit oder der Edukationsabteilung. Ein Aufgabenfeld, das neben dem Fachwissen viel kommunikatives Geschick und Organisationstalent erfordert. Als oberstes Ziel gilt für sie, möglichst optimale Haltungsbedingungen zu ermöglichen, damit es den Tieren gut geht.

Anfang 2022 suchten die Besucher vergeblich nach den Schwarzspitzen-Riffhaien im 100 000 Liter fassenden größten Aquarium in Hellabrunn. Rund 14 Jahre lang waren hier zwei Exemplare dieser bedrohten Art untergebracht. Aus Altersgründen mussten zunächst der männliche Hai und zwei Jahre später auch seine Gefährtin eingeschläfert werden. Beide Tiere waren in einem hohen Alter und tierärztliche Behandlung hatte keine Wirkung mehr gezeigt. Nicht nur für Lena Bockreiß war das ein trauriger Abschied. Da diese Haiart in den Küstenregionen des Indischen Ozeans und einigen Inselgruppen im Zentralpazifik wegen Bejagung und Wasserverschmutzung als gefährdet gilt, beteiligt sich Hellabrunn im Rahmen eines EEP am Erhalt einer Reservepopulation. Aus dem SeaLife-Aquarium in Oberhausen wurden zwei Schwestern, die dort 2020 geboren worden waren, nach München überführt. Sie dienen nun in Hellabrunn wieder als »Botschafter ihrer

Haie sind keine Monst sondern brauchen se Schutz.

Art, die den Besuchern die Schutzbedürftigkeit der Tiere und ihres Lebensraums näherbringen sollen«, erklärt die Kuratorin.

Eine besonders kuriose Geschichte verbindet sich mit den Pátzcuaro-Querzahnmolchen, der seltensten und am stärksten gefährdeten Tierart im Hellabrunner Aquarium. Diese Molchart lebte nur im Pátzcuaro-See in Mexiko. Die Molche können über 30 Zentimeter lang werden und wurden früher von Fischern tonnenweise gefangen. Die Nonnen des Benediktinerinnenklosters am Ufer des Sees schätzten die Molche aus ganz anderen Gründen. Sie nutzten sie in großer Zahl zur Bereitung eines Hustensaftes(!). Im Lauf der Jahre gingen die Fangquoten aber dramatisch zurück. Die Ursachen: Überfischung und die Verschmutzung des Wassers durch immer neue Abwasserkanäle hatten zur weitgehenden Zerstörung des Ökosystems geführt und den Tieren die Lebensgrundlage entzogen. Die Nonnen, die kaum noch Molche für ihre Saftproduktion fangen konnten, entschlossen sich gerade noch rechtzeitig, die Tiere im Kloster zu züchten. Das war die Rettung. 2010 galt der Pátzcuaro-Querzahnmolch im See als ausgestorben, aber im Kloster hatte eine ausreichend große Population überlebt. Seitdem werden die Molche weltweit in Zoos, Aquarien und von Mitgliedern der Organisation Citizen Conservation gehalten, gezüchtet und vermehrt.

Diese Tierart ist Lena Bockreiß ganz besonders ans Herz gewachsen, denn die Evolution hat hier einen spannenden Sonderweg eingeschlagen. Das mexikanische Hochland war ursprünglich sehr feucht und bot damit ideale Bedingungen für Amphibien wie Molche oder Salamander. Im Lauf der Jahrtausende änderte sich aber das Klima und es wurde immer tro-

Der Pátzcuaro-Querzahnmolch hat nur durch einen Zufall überlebt.

ckener. An Land hatten sie kaum noch Überlebenschancen. Über unzählige Mutationsprozesse legten die Querzahnmolche die amphibientypische Verwandlung von der Larve zum Molch ab und passten sich an ein Leben ausschließlich im Wasser an. Ein Leben lang behalten sie nun das Aussehen einer Salamanderlarve mit einem kräftigen Schwimmschwanz und zwei Außenkiemen. Der übrige Körper durchläuft aber sehr wohl eine Metamorphose und entwickelt zum Beispiel eine Lunge. Die Molche können also sowohl über die Kiemen als auch über die Lunge und die Haut atmen. Ähnlich wie ihre Verwandten, die Axolotl, können sie verloren gegangene Gliedmaßen wieder ersetzen.

Neben den Aquarien ist das Schildkrötenhaus einer der zentralen Arbeitsplätze von Lena Bockreiß. Bei mindestens 24 Grad und spürbar hoher Luftfeuchtigkeit dominieren hier rund zehn Aldabra-Riesenschildkröten die Szene. Während die Querzahnmolche ihr Leben lang äußerlich in einer Art Babystadium bleiben, sehen die Riesenschildkröten schlichtweg alt aus. Und sie sind es auch. Das älteste Tier in Hellabrunn ist etwa 160 Jahre alt. Die Lebenserwartung dieser Art liegt noch weit höher bei rund 250 Jahren. Hellabrunn hat sich mit den Daten seiner Schildkröten an einer internationalen wissenschaftlichen Studie beteiligt, die den Alterungsprozess bei Schildkröten untersucht hat. Im Ergebnis konnte festgestellt werden, dass Stoffwechsel und Alterung extrem langsam ablaufen. Wenn die Lebens-

Aldabra-Riesenschil[dkröten] kröten alte[rn] extrem ver[langsamt]. langsamt.

Einblick in einen Blattschneiderameisenbau

bedingungen wie Wärme, UV-Licht und geeignete Nahrung konstant gut sind, ist nahezu kein Alterungsprozess wahrnehmbar.

In den 1950er- und 1960er-Jahren waren Riesenschildkröten in Zoos mitunter noch eine besondere Attraktion für Kinder, die auf ihnen reiten durften. Sowas ist heute nicht mehr vorstellbar. Wobei weniger das Gewicht der Kinder als vielmehr der Stress für die Tiere unakzeptabel war. Der Fokus liegt heute ganz auf der Sicherung eines gesunden Bestandes. Ihr Lebensraum auf den Seychellen ist durch ein massives Müllproblem, Klimawandel und den steigenden Meeresspiegel in Gefahr. Auch bei dieser Tierart arbeitet man auf internationaler Ebene an Erhaltungsprogrammen. Zuchtbuchführer ist der Zoo in Athen. Lena Bockreiß weist aber darauf hin, dass es bisher kaum gelungen ist, Nachwuchs zu erhalten. Lediglich im Zoo von Zürich und bei einem privaten Halter hat es bisher geklappt.

Auf einer Seite des Schildkrötenhauses tummelt sich in mehreren miteinander verbundenen Terrarien ein Volk der Blattschneiderameisen. Das können bis zu eine Million Tiere sein. Im Gegensatz zu den behäbigen Schildkröten sprühen die gerade so vor Aktivität. Am auffälligsten sind die kräftigen Arbeiterinnen, die Blattstücke aus den Futterpflanzen schneiden und in einer endlosen Prozession in einen zentralen Bau ihres Nestes schleppen. Auf diesen Blättern wächst in der warmen und feuchten Kammer ein Pilz, den sie züchten und von dem sie sich ernähren. Ihre Heimat liegt in Mittel- und Südamerika, in feuchten Urwäldern ebenso wie in Savannen oder auf Viehweiden. Das Nest liegt dort meist mehrere Meter tief unter der Erde. Wie ist es nun möglich, ein solches Millionen Individuen umfassendes und weitgehend auf ein Leben im Dunkeln spezialisiertes Ameisenvolk für alle perfekt sichtbar im Zoo zu präsentieren? Die Haltung sei sehr anspruchsvoll, erläutert Lena Bockreiß, denn Wärme und Luftfeuchtigkeit müssen perfekt stimmen. Die Beleuchtung im Nest spiele dagegen keine Rolle. Die einzelnen Terrarien müssen den Futterbereich sowie

Nestkammer und Abfallkammer nachbilden und über Röhren zugänglich machen. Die Königin, die nur einmal in ihrem Leben befruchtet wird, pflegt den Pilz und legt Eier, aus denen über Larven- und Puppenstadium die ersten Ameisen schlüpfen. Ab diesem Zeitpunkt müssen die sich um den Pilz kümmern. Die Königin sorgt nur noch für weiteren Nachwuchs. Sie kann rund 15 Jahre leben und produziert in dieser Zeit bis zu 150 Millionen Ameisen. Stirbt die Königin, geht auch ihr Volk zugrunde. Im Lauf der Jahre werden aber neue Königinnen bei einem sogenannten Hochzeitsflug befruchtet und gründen an anderer Stelle ein eigenes Volk. Vor einigen Jahren hat der Tierpark von einem spezialisierten Züchter eine junge Königin mit einem kleinen Stück des Pilzes erworben. Und wie man sieht, hat das Volk sich prächtig entwickelt und ermöglicht es den Besuchern, diese uns so fremde Lebensweise perfekt zu beobachten.

Das sind nur drei von rund 390 Tierarten, für die Lena Bockreiß als Kuratorin zuständig ist. Anakondas und Kreuzottern liegen ebenso in ihrer Verantwortung wie Bachforellen und Clownfische. Eine ebenso anspruchsvolle wie faszinierende Aufgabe.

Partnervermittlung – Carsten Zehrer, Zoologischer Leiter

Carsten Zehrer

»Ich betreibe quasi Tinder für Tiere«, sagt Carsten Zehrer, ein fröhlicher Mensch, Diplom-Biologe und Zoologischer Leiter in Hellabrunn. Er ist unter anderem für die rund 50 Erhaltungszuchtprogramme (EEP) zuständig, an denen der Münchner Tierpark beteiligt ist. Besondere Bedeutung hat dabei der Drill, eine sehr seltene afrikanische Primatenart, bei der Hellabrunn der sogenannte Zuchtbuchführer ist. Die Züchtung in Zoos ist für diese Art mittlerweile überlebenswichtig, denn in freier Wildbahn gibt es nur noch geschätzt 3000 bis 4000 Tiere. Der Bestand gilt als stark gefährdet. Ihr Lebensraum liegt in Westafrika, in Teilen Kameruns, Nigerias und der zu Äquatorialguinea gehörenden Insel Bioko.

Aber warum Partnervermittlung? Carsten Zehrer muss etwas ausholen, um

zu erklären, wie dringend nötig, aber auch wie komplex solche Aufgaben sein können. In Europa leben zurzeit etwa 100 Drills in 16 verschiedenen Zoos. Hellabrunn ist einer davon und kann sich fast jährlich über Nachwuchs freuen. Dass die Zucht so gut klappt, ist nicht selbstverständlich. Die Elterntiere müssen sich gut verstehen, sie müssen sich in der Anlage wohlfühlen, die Ernährung sollte optimal abgestimmt sein und die Pfleger brauchen ein gutes Einfühlungsvermögen für die Bedürfnisse der Tiere. Carsten Zehrer ist glücklich, dass das in München so erfolgreich läuft und er immer wieder Tiere an andere Zoos weiterreichen kann. Als Zuchtbuchführer ist er in Europa und letztlich auch weltweit dafür zuständig, dass eine Population aufgebaut wird, die eine genetische Reserve darstellt für den Fall, dass die Tiere in der Natur komplett verschwinden. Er legt fest, welche Tiere in wel-

Hellabrunn führt das Zuchtbuch für den Drill. Ohne die Unterstützung der Zoos wird die Art kaum überleben.

chen Zoo gehen, um dort die Zucht aufzubauen oder zu verstärken. Diese Entscheidungen werden nicht nach Gutdünken getroffen, sondern basieren mittlerweile auf Daten aus der ZIMS-Datenbank. »Das heißt, ich habe den kompletten Bestand im Computer und kann daraus resultierend Transferempfehlungen abgeben. Das passiert meist einmal im Jahr. In Absprache mit den anderen Zoos lege ich dann fest, welches Tier wohin geht. Manchmal geht es aber auch anders. Wenn mich zum Beispiel ein Zoo anruft und sagt, in unserer Drillgruppe hängt der Haussegen schief. Da kommt ein Sohn nicht mit seinem Vater klar und wird aus der Gruppe rausgeworfen. Dann such ich für den jungen Mann natürlich einen geeigneten Platz.« Geld fließt bei diesen Aktionen nicht. Die Tiere werden getauscht oder abgegeben. Lediglich der Transport muss vom nehmenden Zoo bezahlt werden.

Für all diese Projekte haben der Europäische Zooverband (EAZA) und der Weltverband der Zoos und Aquarien (WAZA) Richtlinien erarbeitet. Danach sollen Erhaltungszuchtprogramme wie beim Drill möglichst immer kombiniert werden mit Schutzprojekten in den jeweiligen Herkunftsländern. Nicht immer können solche Projekte auch realisiert werden. Beim Drill gibt es die Organisation Pandrillus, die in Nigeria und Kamerun zwei Auffangstationen für Drills und ein 100 Quadratkilometer großes Schutzgebiet in den Afi Mountains in Nigeria unterhält. Carsten Zehrer erzählt, wie es dazu kam: »Die amerikanische Biologin Liza Gadsby hatte mit ihrem Mann Peter Jenkins, ebenfalls Biologe, bei einer Weltreise vor 25 Jahren ihr Herz an die Drills verloren. Sie hatten gesehen, dass Drills von den Einheimischen gejagt und gegessen wurden. Alles, was nicht bei drei auf dem Baum war, wurde geschossen und auf dem Wochenmarkt als Buschfleisch verkauft.« Andere Familien hielten sich Drills als Haustiere oder Nahrungsreserve. Dort setzten die beiden Biologen mit ihrer Aufklärungsarbeit an. Sie kauften die Tiere nicht, sonst wären diese sofort durch weitere Wildfänge ersetzt worden, sondern erreichten in langen Verhandlungen, dass ihnen einzelne Tiere überlassen wurden. Diese führten sie in naturnahen Gruppen zusammen, die sich dann auch gut vermehrten. 1993 gründeten sie im Süden Kameruns das Limbe Wildlife Center und 1996 die Drill Ranch in den Afi Mountains in Nigeria. In diesen Stationen leben inzwischen rund 520 Drills. Damit ist aber der Kampf noch nicht gewonnen. Hauptaufgabe bleibt die Aufklärungsarbeit. »Also den Einwohnern von Kamerun und Nigeria zu erklären, was sie da für eine Besonderheit haben. Gerade in Nigeria ist Naturschutz aber nicht gerade oberstes Staatsziel und die Verhältnisse sind schwierig.« Nigeria ist wegen seiner Ölvorkommen eigentlich ein reiches Land. Aber beim Großteil der Bevölkerung kommt davon nichts an. Und wenn die Regierung wechselt, kann das heftige Folgen haben. So hatte Peter Jenkins im Auftrag der Regierung geholfen, Wilderer und Schmuggler hinter Gitter zu bringen. Nach dem Regierungswechsel wurden diese vom neuen Präsidenten begnadigt und freigelassen. Ein harter Rückschlag für die beiden Biologen und ihren Verein Pandrillus.

Carsten Zehrer gehört zum Vorstand des deutschen Vereins Rettet den Drill, der wiederum Pandrillus unterstützt. Der Zoo Hellabrunn gibt ebenfalls jährlich mehrere 1000 Euro für die Projekte in Kamerun und Nigeria. Der wichtigste Faktor für den Erfolg ist aber die Schaffung von Arbeitsplätzen vor Ort. Nicht selten werden Wilderer zu Pflegern und Wildhütern, wenn sie damit ihre Familien ernähren können. Aber auch Kleidung ist sehr begehrt, vor allem, wenn sie nach einer Art Uniform aussieht. »Da steht was drauf, ich habe eine Uniform. Das macht mich im Dorf wichtiger.« Besonders erfolgreich ist das sogenannte Green Project. Da geht es um eine spezielle Futterpflanze für die Drills. »Das läuft dann so, dass die Frauen der Mitarbeiter die Pflanze ernten und sie an einem vereinbarten Ort ablegen. Dort holen die Männer die Pflanzen ab und bringen sie in die Station. Damit hat man sowohl die Frauen als auch die Männer in Brot und Lohn. Dann hat man gute Chancen, dass es funktioniert.«

In Hellabrunn können die Besucher sehr viele Affenarten erleben. Orang-Utans, Schimpansen und Gorillas erhalten als Menschenaffen besonders große Aufmerksamkeit. Schon 1938 konnte Hellabrunn mit dem damals angeblich »größten Menschenaffenhaus der Welt« sein Publikum erfreuen. Das Wissen um die Haltung und die Bedürfnisse dieser Tiere war damals noch in allen Zoos relativ dünn. Im Tiergarten Nürnberg war »Fritz der

Carsten Zehrer freut sich über regelmäßigen Nachwuchs beim Drill.

Gorilla« eine Berühmtheit, der sich an Gelbwurst gewöhnt hatte und wenn er traurig war, auch mal ein Bier bekam.[1] Die Gehege wurden als Wohnungen konzipiert, mit Schlafzimmer, Kinderküche, Spielraum und Turnhalle. Noch in den 1960er- und 1970er-Jahren wurden Menschenaffenkinder in vielen Zoos von Pflegern gemeinsam mit deren eigenen Kindern aufgezogen. Fotos von gekleideten Affenkindern, die mit Geschirr und Besteck um den Esstisch saßen, sind noch gut in Erinnerung. Auf diese Zeiten blickt man heute amüsiert und verwundert zurück. »Die Problematik bei dieser reinen Handaufzucht war immer, dass die Tiere sehr auf den Menschen geprägt wurden. Das führte dann zu Problemen, die Tiere später in bestehende Affengruppen zu integrieren. Aber es gab auch Probleme bei der Erziehung der eigenen Kinder, die mit den Affen-Spielkameraden wenig anfangen konnten.«

Orang-Utan-Jungtiere werden heute nicht mehr wie Menschenkinder behandelt.

Das Wissen über Menschenaffen hat sich in den letzten 40 Jahren massiv verbessert. Durch die weltweite Vernetzung der Zoos können Erkenntnisse, die an einer Stelle gewonnen werden, viel schneller auch in anderen Einrichtungen umgesetzt werden. Das Urwaldhaus, in dem in Hellabrunn die Schimpansen und Gorillas untergebracht sind, stammt aus dem Jahr

1 Jenny von Sperber: Fritz der Gorilla. Biografie eines faszinierenden Menschenaffen, Stuttgart 2022

2001, wurde seitdem aber ständig weiter an die Bedürfnisse seiner Bewohner angepasst. »Ein Zoo ist nie fertig. Draußen hatten wir früher Wassergräben, die enorm viel Platz geschluckt haben, für die Tiere aber nicht nutzbar waren. Jetzt ist alles flach auslaufend und die Tiere haben deutlich mehr Bewegungsraum. Die Klettermöglichkeiten werden immer wieder neu angepasst und wir sind hier in der glücklichen Situation, dass wir sogar drinnen Naturboden haben.« Auch das Futter kann inzwischen weitgehend an die natürliche Ernährung adaptiert werden. Selbst bei den Früchten wählt man sehr genau aus, weil das Obst, das bei uns im Handel ist, viel mehr Zucker enthält als die Früchte im Urwald. Und die Nahrung wird auch nicht mehr wie früher einmal am Tag in die Anlage gestellt, sondern ganz kleinteilig verteilt und versteckt, damit es die Affen wie in der Natur suchen und einsammeln müssen. Den Erkenntnissen der Primatenforscherin Jane Goodall folgend werden den Schimpansen bestimmte Leckerbissen so angeboten, dass sie ausschließlich mit einem selbst hergestellten Werkzeug, zum Beispiel einem Stock, erreichbar sind. Die Nachtquartiere können von den Besuchern nicht eingesehen werden. Sie sind ein Rückzugsort, in dem jedes Individuum seinen eigenen Platz hat. Wer will, nimmt Kontakt auf, kann aber auch für sich bleiben.

Erfahrungen zur Haltung von Wildtieren aus Zoos auf der ganzen Welt werden über die EAZA zu Empfehlungen, den Best Practise Guidelines, verarbeitet, an denen sich die Zoos orientieren. Weitere Richtlinien gibt in

Auch die Schimpansen müssen sich ihre Nahrung erarbeiten.

Deutschland das sogenannte Säugetiergutachten des Bundeministeriums für Ernährung und Landwirtschaft. Das ist die Grundlage für die Amtstierärzte, die die Haltung in den Zoos jeweils genehmigen und kontrollieren müssen. »Da sind wir hier in Hellabrunn in der glücklichen Lage, dass wir bei allen Tierarten die Vorgaben aus dem Säugetiergutachten weit übererfüllen.«

Bei den meisten Tierarten, bei Menschenaffen aber ganz besonders, werden die direkten Kontakte mit den Pflegern so weit reduziert, dass sie keine Auswirkung auf die Strukturen oder Hierarchien einer Gruppe entwickeln. Nur noch in Ausnahmefällen greifen die Pfleger wirklich ein. Ende 2022 führte das in Hellabrunn zu einer schwierigen Entscheidung, als ein neugeborenes Gorillajunges von seiner Mutter nicht angenommen wurde. Und auch die anderen Gruppenmitglieder interessierten sich überhaupt nicht für das Neugeborene. Als auch der Versuch, Mutter und Kind in einem abgeschirmten Bereich zusammenzubringen, keinen Erfolg zeigte, entschied sich eine Expertenkommission aus Pflegern, Tierärzten und Kuratoren gegen eine Handaufzucht des bereits stark geschwächten Tieres und schläferte es ein. Die pathologische Untersuchung ergab dann eine schwerwiegende Erkrankung. Das erklärt im Nachhinein, warum sich die ganze Gruppe nicht für das Neugeborene interessiert hatte. »Da ist die Natur, menschlich gesprochen, sehr herzlos. Wir wissen nicht, woran die Mutter und die Gruppe erkannt haben, dass das Neugeborene nicht

Die Roten Riesenkänguru könnten ihr Gehege leicht verlassen.

lebensfähig sein würde. Aber für sie und die Gruppe wäre der Versuch einer Aufzucht schlicht eine Energieverschwendung gewesen.« In der Natur wäre das vernachlässigte Affenbaby wahrscheinlich von einem Raubtier gefressen worden. Im Zoo haben die Tierärzte ein längeres Leiden verhindert.

Auswilderungsprojekte für Menschenaffen aus Zoos gibt es kaum. Das liegt daran, dass kaum noch ausreichende Lebensräume vorhanden sind, in die man sie guten Gewissens geben könnte. Die Auffangstationen in den Herkunftsländern haben schon genug Probleme, die Tiere aus ihren Einrichtungen, Waisen, Verletzte, ehemalige Haustiere, zu pflegen und so weit möglich wieder für ein Leben in der Natur fit zu machen. So unschön das klingen mag, aber die Zoohaltung von Menschenaffen führt auch hier zu einer letzten genetischen Reserve.

Als Zoologischer Leiter ist Carsten Zehrer nicht nur für die gefährdeten Tiere zuständig. Viele Besucher sind immer wieder überrascht und begeistert, wenn sie im Mäusehaus das Verhalten dieser possierlichen Nager mitverfolgen können. Auch Weißstörche werden nicht gehalten, weil sie so selten sind. Allein in Bayern gibt es inzwischen rund 1000 Zuchtpaare. »Man könnte denken, jedes Kind kennt einen Storch. Es kennt ihn aber nur aus dem Bilderbuch.« Denn die Stadt München wird von Störchen noch weitgehend gemieden. Deshalb sind Störche in Hellabrunn nach wie vor ein Highlight bei Kindern.

Nahezu alle Tierarten werden in gut geführten zoologischen Einrichtungen deutlich älter als in freier Natur. Das klingt ausgesprochen positiv. Aber wie mag sich das für die Tiere selbst anfühlen? Kann man ein Leben in Freiheit überhaupt mit einem Leben »in menschlicher Obhut« in Konkurrenz setzen? Carsten Zehrer nennt die Zoohaltung ein »5-Sterne-Hotel all inclusive mit 24-Stunden-Leibarztservice«. In der Natur leben die Tiere dagegen täglich unter Stress. Finden sie genügend Futter? Können sie sich gegen Rivalen durchsetzen oder vor Raubtieren schützen? Zehrer verweist auf die spektakulären Aufnahmen von Zebras und Gnus, die bei den großen Tierwanderungen in Tansania und Kenia durch reißende Flüsse schwimmen, obwohl dort die Krokodile auf sie warten und viele von ihnen töten und verletzen. »Die stürzen sich doch nicht just for fun da rein, sondern weil sie weiterziehen müssen, um genug Futter zu finden. Sonst würden sie schlicht verhungern.« Die Sorge um die tägliche Nahrung fällt im Zoo weg. Aber ist ein Leben mit Stress nicht »lebenswerter« als ein gesichertes und vielleicht »langweiligeres« Leben? Man kann diese Frage schlecht beantworten, denn sie entspricht rein unserem menschlichen Denken und Verständnis. Das Gleiche gilt für Begriffe wie Freiheit oder gar Selbstbestimmung. Carsten Zehrer nennt noch das Beispiel der Kängurus in Hellabrunn. Die sind nicht eingezäunt, sondern leben hinter einem Graben, den sie mit ihrer Sprungkraft leicht überwinden könnten. Tun sie aber nicht. Anscheinend haben sie dort alles, was sie brauchen.

Ehrensache – Christine Stark, Artenschutzbotschafterin

Christine Stark

Christine Stark hat sich schon immer für die Zusammenhänge in der Natur interessiert. 2018 ist die Bankkauffrau in Vorruhestand gegangen und wollte nun »etwas ehrenamtlich machen, weil ich das Glück habe, nicht mehr arbeiten zu müssen«. Außerdem sollte es etwas für die Umwelt sein, aber ohne erhobenen Zeigefinger. Auf einer Messe für Ehrenamt hat sie sich umgesehen und ist am Stand von Hellabrunn hängengeblieben. Dort gab es das Angebot, als Artenschutzbotschafterin zu arbeiten. Das hat sie gereizt. Seit 2019 gehört sie zu einer Gruppe von rund 100 ehrenamtlichen Mitarbeiterinnen und Mitarbeitern, die mit ihren Infomobilen als Ansprechpartner im Zoo für alle Besucher zur Verfügung stehen. Etwa dreimal im Monat übernimmt sie einen rund dreistündigen Dienst und widmet sich jeweils einem bestimmten Themenbereich. An diesem Tag ist es die Polarwelt mit den Pinguinen und Eisbären. Neben vielen Informationen zum Klimawandel und zu den Folgen für die dortige Tierwelt kann man bei ihr auch den Schädel eines Eisbären mit dem einer Robbe vergleichen und überrascht feststellen, dass der Unterschied gar nicht so groß ist. Warum Eisbären auf dem Eis nicht so leicht rutschen, erklärt sie einem mit einem Schaubild der Tatzen, und auch das Gewicht eines neugeborenen Eisbärenbabys lässt sich mit einem speziell präparierten Plüschtier erfahren.

»Ich hab viel mit Kindern und Erwachsenen zu tun und mach's wahnsinnig gern«, sagt Christine Stark. Über die konkreten Fragen zu den Tieren kommt sie ganz von selbst zu den übergreifenden Themen wie Klimawandel und Naturschutz. Um immer aktuell und kompetent Auskunft geben zu können, werden alle Artenschutzbotschafter in Schulungen auf ihre Aufgabe vorbereitet. Erfahrene Kolleginnen und Kollegen begleiten die Neulinge und machen die ersten Dienste mit ihnen gemeinsam. Einige haben sich auf bestimmte Themenbereiche spezialisiert und stehen den anderen als Experten für Nachfragen zur Verfügung. In besonderen Führungen wird ihr Wissenstand ständig erweitert und aktuelle Informationen zu Geburten, Todesfällen oder neuen Tieren im Zoo bekommen sie immer als Erste.

Mit Kritik am Zoo wird Christine Stark eher selten konfrontiert. Kürzlich war aber ein Mann bei ihr, der den aktuellen Umgang mit den Wölfen in Deutschland so gar nicht gut fand. »Ich versuch dann gar nicht, ihn vom Gegenteil zu überzeugen, aber gebe ihm meine Argumente.« Als er dann wegging, wollte er zumindest mal beide Seiten bedenken. »Das ist dann mein Erfolgserlebnis.«

Artenschutzbotschafter in Hellabrunn kann man ab 18 Jahren werden. Weitere Informationen gibt es auf der Homepage des Tierparks Hellabrunn. Auch die anderen bayerischen Zoos haben ehrenamtliche Helferinnen und Helfer mit ähnlichen Aufgaben.

Zwei Lehrerinnen im neuen Haus – Tierparkschule Hellabrunn

Sandra Buchberger

Christina Neuenhagen

Da könnte man glatt neidisch werden. Eine nagelneue Schule im Stil eines alten Bauernhauses. Sieht gemütlich aus und steckt doch voll mit moderner Technik. Unten das sogenannte lebendige Klassenzimmer mit Terrarien und freier Sicht in den Ziegenstall, oben drei helle, freundliche Unterrichtsräume, die auch variabel kombiniert werden können. Zusätzlich gibt es noch separate Arbeitsplätze und Besprechungsmöglichkeiten für die Lehrerinnen und Lehrer. Das alles mitten im Hellabrunner Mühlendorf, das der heimischen Biodiversität gewidmet ist. Die Voraussetzungen für spannenden, naturnahen Unterricht können kaum besser sein.

Sandra Buchberger und Christina Neuenhagen sind die Pädagoginnen, die das Referat für Bildung und Sport der Stadt München hierher abgeordnet hat. Die Tierparkschule ist ein Gemeinschaftsprojekt der Stadt München und des Tierparks. Die Diplombiologin mit Examen als Gymnasiallehrerin Christina Neuenhagen arbeitet bereits seit 2007 in Hellabrunn und hat die Entstehung der

neuen Schule von Anfang an miterlebt. Sandra Buchberger ist als neue Leitung im März 2023 dazugekommen. Ihr Weg führte sie über ein Diplom in Sportwissenschaft, Arbeit in der freien Wirtschaft, Abschluss für das Lehramt an Realschulen und Erfahrung im Leitungsteam der Städtischen Willy-Brandt-Gesamtschule ebenfalls nach Hellabrunn. Sie ist für die strategische und konzeptionelle Ausrichtung zuständig, um die Möglichkeiten des neuen Gebäudes möglichst optimal zu nutzen. »Ich kenne in Deutschland keine Zooschule, die so modern ausgestattet ist.« Beide verstehen sich als Team, das zeitgemäße Unterrichtseinheiten entwickelt und durchführt, die langfristig für alle Altersgruppen und Schularten einen Mehrwert bieten sollen.

Tiere in Ru beobachten und beschreiben is gar nicht so einfach.

Die Basis bilden einzelne Unterrichtsmodule, die entweder von den externen Lehrkräften selbst ausgestaltet werden, oder bei denen die Zooschullehrerinnen als Expertinnen für spezielle Themenbereiche dazugebucht werden können. Diese Module lassen sich von wenigen Stunden bis zu Unterrichtsprojekten von mehreren Tagen kombinieren. Sandra Buchberger legt Wert darauf, dass es nicht nur um die Vermittlung von faktischem Wissen geht, und zitiert das spezielle Leitbild der Tierparkschule. »Wir bauen auf Respekt und Rücksicht, Begeisterung, Sensibilisierung und Schutz. Wie gehe ich hier um, wie verhalte ich mich? Rücksicht auf die Tiere, Rücksicht gegenüber anderen Besuchern, Rücksicht gegenüber den Teammitgliedern. Das ist eine ganz wichtige soziale Kompetenz.«

Grundsätzlich kann der Unterricht fächerverbindend angelegt werden. Biologie, Deutsch, Erdkunde, Kunst, Religion, Ethik, Wirtschaft, Ernährung und sogar Sport. Dazu kommt das Einüben von Fähigkeiten wie Präsentieren, Erklären, Moderieren und – dafür ist der Tierpark ideal – Beobachten. Christina Neuenhagen erklärt, wie das konkret aussehen kann. »Es geht zum Beispiel darum, das Verhalten eines Tieres zu beobachten und dann der Klasse zu erklären, was man beobachtet hat. Aber wie macht man das, wenn man vielleicht eineinhalb Stunden Zeit hat? Dazu gehören zunächst Geduld, Konzentration und ganz viel Ausdauer. Die meisten erhoffen sich tolle Aktionen, die sie beschreiben können, und sind dann zunächst enttäuscht, wenn das Tier vielleicht nur daliegt. Ist es faul, ist es gelangweilt oder ist das schlicht sein typisches Ruheverhalten? Wie beschreibt man das ganz sachlich und ohne das Tier zu vermenschlichen? Reicht die Beschreibung mit Worten oder ist es sinnvoll, eine Skizze, eine Zeichnung zu machen? Wenn die Kinder erkannt haben, dass es mit dem schnellen Hinschauen nicht getan ist, beginnt erst die echte Auseinandersetzung mit einem Tier.«

Ist ein Schulunterricht von mehreren Tagen nicht ein extremer Luxus, wenn man bedenkt, wie vollgepackt die Lehrpläne meistens sind? Aber einige Münchner Schulen haben solche Module bereits fest in ihren Unterrichtsplan eingebaut. Durch den Besuch der Zooschule verlieren sie nicht Zeit, sondern können bestimmte Inhalte besonders kompakt und lebendig vermitteln. ›5 Tage – 5 Kontinente‹ heißt das Pilotprojekt, das mit den siebten Klassen der Städtischen Elly-Heuss-Realschule durchgeführt wird. Da Hellabrunn ein Geozoo ist, der alle Erdteile abdeckt und genügend Anknüpfungspunkte bietet, kann der ganze Geografiestoff des Schuljahres an fünf Tagen in der Tierparkschule so vielfältig und lebendig wie möglich vermittelt werden. In der übrigen Zeit gewinnt man Platz für die Vertiefung der anderen Fächer.

Module für Kitas, Lehrkräftefortbildung, Ferienprogramme. Die beiden Damen haben viele Pläne, die neue Tierparkschule so effektiv wie möglich zu nutzen, stoßen inzwischen aber an die Grenzen dessen, was sie zu zweit bewältigen können. Aber nichts ist werbewirksamer als der Erfolg.

Unterstützen und informieren – der Förderkreis und Mia san Tier

Ein neues Klettergerüst bei den Silbergibbons, ein mechanischer Futterbaum in der Giraffensavanne oder eine Beschattungsanlage für die Mähnenrobben. Solche und ähnliche Ausstattungen werden aus Mitteln des Förderkreises mitfinanziert, die jährlich in die Baurücklage des Tierparks fließen. Auf Initiative des damaligen Bürgermeisters Georg Kronawitter wurde der Förderkreis Hellabrunn bereits

Tina Gentner

Stefanie Hofmann-Lund

1973 als Spendenplattform für Unternehmen und Privatpersonen gegründet. Rund 500 Spender unterstützen den Zoo heute regelmäßig.

Stefanie Hofmann-Lund ist Koordinatorin des Förderkreises. Die Biologin ist nach vielen Jahren in einer Agentur für Umweltschutz und nach Erziehungsjahren 2016 zum Team des Tierparks gestoßen. Ihre Berufserfahrung in Kommunikation und Marketing setzt sie nun für den Förderkreis ein. Für die Spender organisiert sie exklusive Führungen und Vorträge oder Reisen zu anderen Zoos und informiert sie mit einem Newsletter über aktuelle Ereignisse in Hellabrunn. Zu den Unterstützerinnen und Unterstützern pflegt sie einen engen Kontakt. Rückmeldungen aus diesem Kreis zur Wirkung des Zoos und zu neuen Projekten sind ihr wichtig.

Seit 2020 betreut sie auch die Produktion von »Mia san Tier« – dem Zoopodcast aus Hellabrunn. Das sind rund 25-minütige Audios, die direkt über die Website des Tierparks oder über gängige Streamingplattformen abgerufen werden können. Produziert werden die Folgen von dem Journalistenduo Tina Gentner und Mischa Drautz. Die beiden hatten schon viel Erfahrung mit Tierthemen unter anderem in den Kinderprogrammen des Bayerischen Rundfunks gesammelt und schlugen dem Tierpark vor, doch einen eigenen Podcast zu produzieren. Es war der erste Zoopodcast in Deutschland und startete mit dem Thema »Großes bahnt sich an: Halbzeit bei der Elefantenschwangerschaft«. Diese erste Episode war kurz vor der Coronapandemie und den dadurch bedingten Schließungen abrufbar. Die folgenden Audiobeiträge aus dem Tierpark waren eine der wenigen Möglichkeiten neben Social Media, Aktuelles aus dem Tierpark zu erfahren. Gerade die widrigen Umstände führten zu einem perfekten Start. Inzwischen gibt es fast 5000 Abonnenten und es sind über 100 Folgen verfügbar.

Gemeinsam mit Stefanie Hofmann-Lund entwickeln die beiden zwei Themen pro Monat. Drei Aspekte werden dabei abwechselnd gewichtet: als Basis spannende Informationen zu den Tieren, idealerweise aus der Perspektive von Pflegern, die nah dran sind, aber auch von Zoologen oder Kuratoren, die den größeren Zusammenhang herstellen können. Dann kommt der Blick hinter die Kulissen. Wie funktioniert ein Zoo ganz praktisch? Und schließlich die Frage: Welche Aufgaben hat ein moderner Zoo? Was leistet er für den Artenschutz, die Forschung, die Vermittlung von Wissen? Für Tina Gentner ist der Podcast zu einem persönlichen Anliegen geworden. »Ich bin inzwischen ein Fürsprecher der Zoos. Da steckt so viel dahinter, was an Wissen gesammelt und weitergegeben wird. Das will ich ans Publikum vermitteln. Weil ich glaube, dass es eine riesige Lücke gibt zwischen dem, was die Zoos leisten, und dem, was die Leute über Zoos denken.«

Masterplan Hellabrunn

Für die Weiterentwicklung des Tierparks Hellabrunn wurde ein Masterplan aufgestellt, der sich auf die nächsten zwei Jahrzehnte erstreckt. Rund 5 Millionen Euro sollen dafür jährlich investiert werden. Hier die Kernpunkte, wie sie von Hellabrunn vorgestellt werden:[2]

»Die Kontinentsbereiche und Gehege-Abschnitte werden in konkrete Einzelmodule zerlegt und gemäß dem Geozoo-Prinzip angeordnet. Die Besucherwege orientieren sich einerseits an denkmalschutz-relevanten, historischen Wegeachsen und dem schützenswerten Altbaumbestand und andererseits an der Kernforderung, ein sinnhaftes Rundwegeprinzip durchzusetzen. Historische Wasserflächen und Grünanlagen-Bereiche werden weitestgehend erhalten und deutlicher herausgestellt. Der Masterplan berücksichtigt aber auch so verschiedene Gesichtspunkte und Anforderungen wie Besucherbedürfnisse, ein tragfähiges Edukationskonzept, artgerechte Tierpräsentationen oder Spielplätze und Beschilderungssysteme. Die Wissensvermittlung soll dabei über drei verschiedene Ebenen erfolgen: Faszinierende Wunderwelt, Grundlage des Lebens und Bedrohte Vielfalt.

Neben einem Hauptweg, der alle Geozonen berührt, wird jede Zone einen eigenen Themenrundweg bekommen, damit Interessierte noch intensiver in das jeweilige Gebiet eintauchen können.«

2 Alle Zitate aus: www.hellabrunn.de/der-tierpark/ueber-hellabrunn/der-masterplan [zuletzt geöffnet am 12.2.2024]

Die Giraffenanlage markiert
bereits die künftige Afrikazor

Und so sollen die Geozonen künftig platziert und gestaltet werden:

Geozone Afrika

Die zukünftige Geozone Afrika wird im sonnigsten Parkteil mit dem geringsten Baumbestand liegen. Mit dem 2013 eröffneten Giraffenhaus beim Isar-Eingang hat der Umzug in den nördlichen Parkteil bereits begonnen. In der erweiterten Afrikasavanne werden, zusätzlich zu Giraffen, Stachelschweinen und Erdmännchen, in Zukunft Zebras, verschiedene Antilopen, Strauße und Breitmaulnashörner leben. Diese Gemeinschaftshaltung in einer riesengroßen Savannenlandschaft lädt zu einer Safari durch die Grassavannen Afrikas ein. Zusätzlich werden neue Anlagen für Tieflandnyalas und Löwen geschaffen. Das Herz der Geozone wird ein afrikanisches Dorf mit authentischer Gastronomie darstellen. Weitere Ökozonen innerhalb der Geozone Afrika sind die westlichen Tieflandwälder mit Zwergflusspferden, Drills und Rotbüffeln, die Ökozone des zentralafrikanischen Regenwalds mit Okapis, Bongos und Pinselohrschweinen, die Zone des äthiopischen Hochlands mit Dscheladas und Mähnenspringern sowie die Halbwüste mit Somali-Wildeseln und Mhorrgazellen.«

Bereits realisiert sind die Giraffensavanne, das Streichelgehege der Westafrikanischen Zwergziegen und die Löwenanlage.

Geozone Australien

»Das Erlebnis, Tiere hautnah kennen zu lernen, wird in der australischen Geozone Hellabrunns besonders zur Geltung kommen. Eine begehbare Voliere mit Wellensittichen und Kakadus sowie verschiedene begehbare Außenanlagen lassen die Besucher in die Flora und Fauna von ›Down Under‹ eintauchen.«

Die Elefanten bleiben das Zentrum der Asienzone.

Geozone Asien

»Kernstück des Parkbereichs Asien ist das sanierte Elefantenhaus mit der Asiatischen Elefantenherde. Ein weiteres prägnantes Gebäude und wichtiger Teil der Geozone ist die Dschungelwelt. Die charismatischen Schneeleoparden, der Kleine Panda und der Mishmi-Takin sind Repräsentanten der asiatischen Bergwelt. Der Sibirische Tiger entstammt dem borealen Nadelwald und ist eine weitere hochbedrohte Großkatzenart. Mit der Asiatischen Savanne und der Mongolischen Steppe erlebt der Besucher zwei ganz unterschiedliche Ökozonen mit den jeweils daran angepassten Huftierarten. Das dazugehörige Jurtendorf bietet passenden Raum für edukative Angebote.« Die Dschungelwelt soll nach der Komplettsanierung 2024 neu eröffnet werden.

Geozone Amerika

»Zukünftig hat diese Geozone mit dem heutigen Nashornhaus ein eigenes großes Tierhaus, in dem Besucher die südamerikanische Fauna erkunden können. In direkter Nachbarschaft liegt die große Südamerika-Anlage. Dort erlebt der Besucher eine interessante Gemeinschaftshaltung als Beispiel für die Tierwelt der südamerikanischen Pampa. Gegenüber

Die Waldbisons stehe für Nordamerika.

lebt der Mähnenwolf, der sich ideal an die Lebensbedingungen der südamerikanischen Grassavanne angepasst hat. Neue Flaggschiffart für den Amazonas-Regenwald werden die vom Aussterben bedrohten Riesenotter sein. Eine eindrucksvolle Mensch-Tier-Begegnung bietet in Zukunft eine begehbare Humboldtpinguin-Anlage. Der nordamerikanische Kontinent wird durch die Haltung von Waldbisons in Kombination mit Weißwedelhirschen, der großen Elch-Anlage und einer begehbaren Präriehund-Anlage repräsentiert.«

Die Anlage der Humboldtpinguine ist bereits realisiert.

Geozone Europa – Mühlendorf

»In der Geozone Europa liegt der Fokus mit dem für den Tierparkbereich dominierenden Mühlendorf klar auf der Lebensweise in Mitteleuropa und deren Einfluss auf die komplexen Ökosysteme weltweit. Daneben bekommen die Besucher*innen mit der Gemeinschaftsanlage von Przewalski-Pferden und Heckrindern einen Einblick, wie die Tierwelt Mitteleuropas noch vor wenigen Jahrhunderten ausgesehen hat. Mit der Steinbock-Anlage zeigt Hellabrunn außerdem einen Ausschnitt des Lebensraumes aus den nahgelegenen Alpen.« Bereits realisiert ist das Mühlendorf.

Die Heckrinder sind eine Rückzüchtung, die ungefähr dem ausgestorbenen Auerochsen entspricht.

Die Eisbären können auch unter Wasser beobachtet werden.

Geozone Polarwelt

Die Polarwelt ist die erste nach neuem Konzept fertiggestellte Geozone in Hellabrunn. Die größte Aufmerksamkeit der Besucher erfährt darin die Eisbärenanlage, eine der modernsten in Europa. Auf über 3000 m^2 können die Bären zwischen einer Felslandschaft und einer Tundra-/Taigalandschaft hin und her wechseln. Beim Schwimmen können sie von den Besuchern auch unter Wasser beobachtet werden.

Daneben umfasst der Masterplan ein ausführliches Nachhaltigkeitskonzept, das natürliche und bereits vorhandene Ressourcen möglichst schont, ohne Erneuerungen und Verbesserungen zu behindern.

Das Geozooprinzip gilt auch für die Aquarien. Hier ein Clownfisch aus Indonesien

Die Rotschulter-Rüsselhündchen aus Ostafrika sind noch kaum erforscht und neu in Hellabrunn.

Viel Information im Artenschutzzentrum

Hausmaus

Das Maushaus i
ein heimlicher S
in Hellabrunn.

Der Rote Panda oder Katzenbär ist stark gefährdet.

Rotes Riesenkänguru

ZOOS HEUTE UND MORGEN

Jane Goodall, die Zoos und der Traum von der Wildnis

Ein Besuch der weltberühmten Primatenforscherin Jane Goodall im Mai 2023 in Burghausen galt nicht Schimpansen, sondern einem Waldrappprojekt. Mit knapp 90 Jahren tourt sie noch immer an rund 300 Tagen im Jahr um die Welt, als UN-Friedensbotschafterin, Umweltaktivistin und um für die Arbeit ihres Jane-Goodall-Instituts zu werben.

Seit 2004 engagiert sich die Stadt Burghausen im Rahmen eines EU-Projekts für die Wiederansiedelung des Waldrapps. Auf der historischen Burgmauer gibt es inzwischen eine Brutkolonie. Das sogenannte Waldrapp-Team, das Umweltamt der Stadt und zahlreiche freiwillige Helferinnen und Helfer betreuen die Kolonie. Von Frühling bis Spätsommer leben die Vögel hier, überwintern aber südlich der Alpen. Um die Zahl dieser Zugvögel wieder deutlich zu erhöhen, werden in verbundenen Projekten in Zoos ausgebrütete Küken auf Menschen geprägt, die ihnen dann im Herbst mit Ultraleichtflugzeugen vorausfliegen und ihnen so den Weg nach Süden

Jane Goodall
in Burghausen

Mit Ultraleichtflugzeugen
werden die jungen Vögel
in den Süden gelotst.

zeigen. Eine spektakuläre Aktion. Im übernächsten Frühjahr kommen sie selbstständig zurück und kennen nun die Reise, die sie von da an regelmäßig antreten werden. Jane Goodall zeigte sich tief beeindruckt vom extremen Aufwand dieser Initiativen.

In diesem Zusammenhang sei erwähnt, dass sich Jane Goodall in früheren Jahren immer wieder kritisch mit den Haltungsbedingungen von Wildtieren in Zoos auseinandergesetzt hat. Inzwischen erkennt sie aber an, dass viele Zoos sich stark verändert haben. Ihr Beitrag zum Erhalt bedrohter Arten, die Schärfung des Bewusstseins von Millionen von Zoobesuchern für Biodiversität und Naturschutz finden ihre Unterstützung. Nicht zuletzt den enormen Wissensaufbau über Wildtiere, der bei Pflegern und Tierärzten in Zoos entsteht, bewertet sie positiv, da diese Kenntnisse auch den Tieren in Nationalparks und anderen geschützten Gebieten zugute kommen. 2018 war sie als Gast zur Jahrestagung des weltweiten Dachverbands von Zoos und Aquarien (WAZA) in Bangkok eingeladen und bestätigte diese Haltung. »Manche Leute denken, Zoos sollten geschlossen werden und alle Tiere sollten ›wild‹ sein. Aber das Problem dabei ist – es gibt diesen schönen Traum von der Wildnis als ein Paradies. Der ist aber nicht wahr. […] Auf der anderen Seite ging ich in einen amerikanischen Zoo und beobachtete die Schimpansen in einem wunderschönen Gehege, wo sie viel Platz hatten, sie hatten viele Jahre als gute soziale Gruppe zusammen gelebt, das Männchen putzte sich selbst und das Weibchen wachte über die Jüngsten.«[1]

Auf der offiziellen Website ihres Instituts findet sich unter der Überschrift »Jane Goodall zur Zoohaltung« aktuell diese Aussage[2]: »In einer idealen Welt würden alle Tiere ein freies Leben in der Wildnis leben, sicher vor Störungen durch den Menschen. Die traurige Wahrheit ist, dass ein relativ großer Anteil der übriggebliebenen wilden Schimpansen umgeben von Gefahren lebt, die der Mensch verursacht. […] Mit anderen Worten, ein guter Zoo als Zuhause für Tiere ist unter Umständen einem Leben an vielen Orten in der Wildnis vorzuziehen.«

Alle fünf in diesem Buch vorgestellten Zoos sehen den Auf- und Ausbau gesunder Populationen bedrohter Tierarten in ihren natürlichen Lebensräumen als wichtiges Ziel an. Sie weisen aber auch immer wieder darauf hin, dass solche Vorhaben mit erheblichen Aufwänden verbunden sind und oft nur über Jahrzehnte oder sogar über Generationen hinweg erfolgreich realisiert werden können. Die Grundvoraussetzung ist in jedem Fall, dass die entsprechenden Lebens-

1 Zitiert nach: https://zoos.media/medien-echo/jane-goodall-verhaeltnis-zu-zoos/ [zuletzt geöffnet am 12.2.2024]

2 Zitiert nach: https://janegoodall.de/schimpansen/ [zuletzt geöffnet am 12.2.2024]

räume überhaupt noch vorhanden sind und die dort lebende Bevölkerung so eingebunden ist, dass sie auch für sich selbst einen Nutzen daraus ziehen kann. Bei Zieseln mag das noch relativ einfach umsetzbar sein, aber wenn es um Tierarten wie zum Beispiel Menschenaffen geht, gibt es zurzeit kaum erfolgversprechende Ansätze. Die Lebensräume von Schimpansen, Gorillas oder Orang-Utans sind auf überschaubare geschützte Gebiete reduziert. Am Rande dieser Parks wurden Auffangstationen eingerichtet, in denen von Wilderern verletzte Tiere oder verwaiste Jungtiere gepflegt und wenn möglich wieder angesiedelt werden. Diese Stationen sind meist schon überfüllt mit betreuungsbedürftigen Tieren. Zusätzliche Individuen aus Zoos dorthin zu geben würde die Situation eher verschlimmern als verbessern. So erfreulich die Ergebnisse von Auswilderungsprojekten wie zum Beispiel beim Waldrapp sind, sie lassen sich nicht auf alle Tierarten übertragen. Es bleibt das langfristige Ziel, weltweit wieder mehr Flächen in vernetzte Schutzgebiete zu wandeln, um dann wieder erfolgversprechend auswildern zu können. Bis dahin bleibt der Aufbau von Reservepopulationen in Zoos eine zentrale Überlebenschance für viele gefährdete Tierarten.

Flachlandgorillas im Tiergarten Nürnberg leben in Sicherheit.

Wird die Welt ein großer Zoo?

Zoos waren immer Spiegel ihrer Zeit und der Gesellschaft. So ist es auch heute bei den fünf bayerischen Zoos, die ich im Rahmen dieses Buches vorgestellt habe und die mir einen intensiven Einblick in ihre Arbeit und ihre Vorstellung von der weiteren Entwicklung gegeben haben. Das Bild von »eingesperrten Tieren hinter Gittern« hat schon lange nichts mehr mit der Realität zu tun. Natürlich kann in der Regel nicht auf Eingrenzungen verzichtet werden. Wo immer möglich wird die notwendige Trennung zwischen Besuchern und Wildtieren über Glasflächen, Gräben oder andere Barrieren realisiert, die einen möglichst freien Blick ermöglichen. Mitunter dient das sogar mehr dem Schutz der Tiere vor den Besuchern als umgekehrt. Verbesserte gesetzliche Grundlagen sowie Qualitätsstandards von internationalen und nationalen Verbänden und Vereinigungen schaffen Rahmenbedingungen mit klaren Vorgaben für das Wohl der Tiere. Aber ebenso wesentlich scheint mir das Bestreben der Zoos, diese Rahmenbedingungen nicht nur einzuhalten, sondern möglichst noch besser zu sein, den Bedürfnissen von Wildtieren so weit wie nur irgend möglich zu entsprechen.

Tierpfleger freuen sich über Gespräche mit interessierten Besuchern.

Es war mir wichtig, Ihnen in diesem Buch die Menschen vorzustellen, die diese Arbeit leisten. Auf ganz unterschiedlichen Arbeitsebenen tragen sie die Verantwortung dafür, dass Zoos zu Rettungsinseln für bedrohte Arten geworden sind und dass alle Tiere in ihrer Obhut ein gutes Leben haben, entsprechend ihrer natürlichen Bedürfnisse. Sie stehen für die tägliche praktische Versorgung und Betreuung ebenso wie für die Weiterentwicklung der Zoos in der Zukunft. Sowohl der Entwicklungsplan des kleinen Zoos in Hof als auch der Masterplan von Hellabrunn, der auf einen Zeitraum von über 20 Jahren angelegt ist, zeigen beispielhaft, wie komplex solche Vorhaben sein können.

Moderne, wissenschaftlich geführte Zoos, wie die fünf in diesem Buch vorgestellten, sind weit entfernt von früheren Tierausstellungen, setzen auf wissenschaftliche Erkenntnisse, auf weltweite Vernetzung und Wissenstransfer, um das Verständnis für ihre Tiere und die Haltungsbedingungen zu optimieren. Der internationale, gemeinnützige Verein Species360 liefert mit dem regelmäßigen Input aus über 1200 Zoos und Aquarien eine enorme Datenbasis, deren Potenzial erst noch ausgeschöpft werden muss. Aber selbst der kleine Zoo in Hof ist hier schon Mitglied, liefert seine Daten und kann von den Auswertungen profitieren.

Die fünf bayerischen Zoos, die auch als Beispiel für andere wissenschaftlich geführte Zoos in Deutschland stehen können, wollen uns, die Gesellschaft, einbeziehen und informieren. Nicht nur über Tiere, ihr Verhalten, ihre Gefährdung, sondern auch ganz generell über die Zusammenhänge in der Natur. Der neue Klimawaldpfad in Nürnberg oder der Dorfladen im Mühlendorf von Hellabrunn mit seinen Informationen über den Zusammenhang zwischen Nahrungsmitteln und unserem ökologischen Fußabdruck öffnen den Blick für die großen Linien. Ökologie, Naturschutz, Raum für Tiere und Menschen sind Themen, die zwar von Land zu Land, von Kontinent zu Kontinent unterschiedlich ausgeprägt sind, die zentrale Problematik bleibt aber immer die gleiche. Wie können wir die Vielfalt des Lebens erhalten und mit den Bedürfnissen der Menschen in Einklang bringen?

Der Kampf um die Erhaltung der Artenvielfalt hat sich zur zentralen Aufgabe entwickelt. Tendenziell wird die Zahl der vorgestellten Tierarten in den Zoos deshalb eher reduziert als ausgeweitet. Es geht nicht mehr darum, möglichst viele Tiere zu präsentieren, sondern vor allem schutzbedürftige Arten zu halten, ihnen möglichst optimale Bedingungen zu bieten und sie als Botschafter für ihre gefährdeten Artgenossen im Freiland vorzustellen. Über kontrollierte Nachzuchten werden in internationaler Zusammenarbeit Reservepopulationen aufgebaut, mit dem Ziel, das Überleben einzelner Tierarten zu sichern und, sofern sich die Bedingungen im Freiland in der Zukunft doch wieder verbessern, diese ihren eigentlichen Lebensräumen zuzuführen. Damit sind nicht nur exotische Tierarten gemeint, sondern auch Arten aus unserem Umfeld, deren Lebensbedingungen ähnlich prekär geworden sind wie die von Elefanten oder Nashörnern. Es ist der Versuch, dem Augsburger Huhn und dem Plumplori die gleiche Aufmerksamkeit teilwerden zu lassen wie dem Sumatra-Tiger. Zoos allein können das galoppierende Verschwinden von immer mehr Tierarten weltweit aber nicht allein verhindern. Deshalb unterstützen sie auch gezielt Artenschutzprojekte in den Herkunftsländern der Tiere. In dieser Kombination sind sie eine unverzichtbare Basis für diese Aufgabe geworden und können durch den Kontakt zu Millionen von Besuchern wertvolle Aufklärungsarbeit leisten.

Junge Familien, Eltern mit kleinen Kindern dominieren an manchen Tagen das Bild in den Zoos. Die wenigsten von ihnen werden mit der Absicht gekommen sein, sich konkret informieren oder weiterbilden zu lassen. Entspannung, Abwechslung, Unterhaltung, die Freude am Entdecken und Beobachten von Tieren sind vermutlich die wesentlichen Motive. Solche Unternehmungen sind ausgesprochen positiv hinterlegt. Der Aufenthalt in einer angenehmen, naturnahen Umgebung und die Begegnung mit ganz unterschiedlichen »echten« Tieren faszinieren vor allem Kinder heute genauso wie mich Anfang der 1960er-Jahre. Aber während es damals noch kaum weiterführende Bildungsangebote gab, bieten die Zoos heute ein reiches Angebot an Erklärungen, Vorträgen, Führungen, Kursen für Er-

Tierparkschul
Wissen vermitteln und begeistern

wachsene ebenso wie für Kinder aller Altersstufen. Die Zooschulen werden, je nach finanziellen Möglichkeiten oder externer Unterstützung, zu professionellen pädagogischen Einrichtungen ausgebaut, von denen Schüler wie Lehrer profitieren können. Es lohnt sich, vor einem Zoobesuch mal auf der jeweiligen Zoowebsite nachzusehen, welche Informations- und Bildungsangebote es aktuell gibt.

Die Kombination aus Erholungs- und Freizeitwert, Wissenserwerb und Wissensvermittlung sowie dem Kampf gegen den Artenschwund prägt die fünf vorgestellten bayerischen Zoos. Aber ist gesichert, dass es so bleibt? Könnten Zoos sich nicht auch ganz anders entwickeln?

Ein Zoo ist kein statisches Gebilde. Es gibt ständig neue Erkenntnisse, die umgesetzt werden wollen. Dafür braucht es Planung, Zeit und Geld. Deshalb benötigen Zoos neben Sympathie und Wertschätzung auch zählbaren Erfolg. Die Besucherzahlen müssen stimmen, damit auch die Kasse stimmt. Denn nur über Sponsoren und öffentliche Gelder ließen sich die benannten Aufgaben nicht finanzieren. Es gibt Zoos, die sich im Bemühen um wirtschaftlichen Erfolg eher in die Richtung von Freizeit- und Erlebnisparks entwickeln. Der Unterhaltungscharakter wird dort wesentlich stärker ausgebaut und die Aspekte Bildung und Artenschutz laufen Gefahr, in die zweite Reihe abzurutschen. Wird dieses Modell noch mehr Anklang bei den Besuchern finden und sich deshalb langfristig durchsetzen? Zoos sind ein Spiegel der Gesellschaft und letztlich liegt es an uns, in welche Richtung sie sich entwickeln werden.

In diesem Zusammenhang spielen die organisierten Zoofreunde jeweils eine wichtige Rolle. Rund 170 000 Menschen engagieren sich bundesweit in Fördervereinen. Ihre jeweilige finanzielle Unterstützung ist erheblich, übersteigt in manchen Jahren die Millionengrenze. Ohne deren Anschubfinanzierung könnten viele Projekte gar nicht erst angegangen werden. Viele 100 Mitglieder, in Nürnberg sogar mehrere 1000, verankern die einzelnen Zoos aber auch in der regionalen Bevölkerung. Diese Verbindung mit einem Kernpublikum kann von den Zoos genutzt werden, um sowohl ihre Arbeit zu vermitteln als auch um Impulse aufzunehmen.

Der niederländische Zoodesigner Erik van Vliet berät weltweit Zoos, wie sie die Gestaltung von Gehegen weiter verbessern können und wie die Besucher die Tiere noch intensiver und naturnaher erleben können. Darüber hinaus entwirft er in seinem Buch »Zooing the World«[3] noch eine viel weitergehende Vorstellung davon, wie das Zusammenleben von Menschen und Wildtieren künftig gestaltet werden könnte. Er geht davon aus, dass es der Menschheit in den nächsten Jahrzehnten gelingen wird, weltweit deutlich mehr Flächen unter Schutz für Pflan-

3 Erik van Vliet: Zooing the World, Münster 2020

zen und Tiere zu stellen. An der zunehmenden Umwandlung von Farmland oder Jagdgebieten in private oder staatliche Safariparks lässt sich diese Entwicklung zum Beispiel im südlichen Afrika schon gut beobachten. Letztlich bleiben diese Schutzgebiete aber Inseln in einer von Menschen bevölkerten Welt. Ähnlich könnte es sich in den Städten entwickeln. Wegen der Erwärmung im Zuge des Klimawandels werden deutlich mehr grüne Zonen entstehen müssen, in denen Feuchtigkeit gespeichert und kühlere Luft erzeugt werden kann. Solche Zonen werden auch zum Lebensraum von Tieren werden. In kleineren Zonen würden sich anpassungsfähige Tiere einfach selbst ansiedeln, größere Zonen ließen sich wie Wildparks betreiben. So könnte sich in vielen Ländern der Erde sowohl in der Fläche als auch kleinteiliger in urbanen Gebieten eine Art Fleckerlteppich aus wechselseitig von Tieren oder Menschen dominierten Bereichen entwickeln. Da diese Bereiche vielfach aneinandergrenzen, würde es wesentlich mehr Kon-

takte zwischen Menschen und Tieren geben als heute. Um ständige Konflikte zu vermeiden, müssten sich beide zumindest auf Sicht begegnen können, ohne sich gegenseitig als Konkurrenten oder Bedrohung zu verstehen. Um dieses neue Zusammenleben so zu gestalten, dass es nicht ständig zu Grenzverletzungen kommt, braucht es umfangreiches Wissen, wie man diese Bereiche gestaltet. In den Zoos ist solches Wissen grundsätzlich vorhanden. Darauf könnte man aufbauen.

Werden die Lebensräume von Menschen und Wildtieren in einigen Jahrzehnten also wieder stärker miteinander verzahnt sein als heute? Wird die Welt unserer Enkel und Urenkel einmal eine Struktur haben, die entfernt an einen riesigen Zoo erinnert? Das lässt sich so nicht beantworten. Aber warum auf die Zukunft warten? In den Zoos von heute steckt ein großes positives Potenzial für uns alle. Wir können es nutzen. Jetzt.

Werden sich Wildtiere und Menschen in der Zukunft wieder häufig begegnen?

ANHANG

Verwendete Abkürzungen und Begriffe

BAG Kleinsäuger: Bundesarbeitsgruppe Kleinsäuger e. V.; Zusammenschluss engagierter Privathalter und zoologischer Einrichtungen zur Haltung und Zucht von Kleinsäugern
Biokreis e. V.: Verband für ökologischen Landbau und gesunde Ernährung
Citizen Conservation: siehe S. 19
DGHT: Deutsche Gesellschaft für Herpetologie und Terrarienkunde; gemeinnütziger Verein zur Erforschung und Haltung von Amphibien und Reptilien
DTG: Deutsche Tierparkgesellschaft e. V.; Vereinigung tiergärtnerischer Einrichtungen aus Deutschland und Nachbarländern
EAAM: European Association for Aquatic Mammals; Verbund aus Wissenschaftlern, Tierärzten, Tierpflegern und Institutionen zur Befassung mit wasserlebenden Säugetieren
EAZA: European Association of Zoos and Aquaria; Dachverband für Zoos und Aquarien aus Europa und dem Nahen Osten, überwacht bei Mitgliedszoos Standards zu Haltung und Pflege der Tiere
EAZWV: European Association of Zoo and Wildlife Veterinarians; gemeinnützige Organisation zur Förderung veterinärwissenschaftlichen Wissens bei Wildtieren
EEP: European Endangered Species Program; siehe S. 18
ESB: European Stud Book; siehe S. 18
Ex-situ-Programme: siehe S. 19
GAV: Gesellschaft für Arterhaltende Vogelzucht e. V.
GEH: Gesellschaft zur Erhaltung alter und gefährdeter Haustierrassen e. V.
In-situ-Programme: siehe S. 19
ISB: International Stud Book; siehe S. 19
IUCN: International Union for Conservation of Nature and Natural Resources; erstellt die Rote Liste gefährdeter Arten und kategorisiert Schutzgebiete
IZEA: International Zoo Educators Association; gemeinnützige Organisation zur Verbesserung der Bildungsprogramme in Zoos und Aquarien
Species360: gemeinnütziger Verein in USA, der weltweit Daten in Zoos und Aquarien verwaltet, archiviert und zur Verfügung stellt
Stiftung Artenschutz: Gemeinschaftsinitiative von Zoos und Naturschutzorganisationen zum Schutz gefährdeter Tierarten, ihrer genetischen Vielfalt und ihrer Ökosysteme
VCF: Vulture Conservation Foundation; widmet sich dem Schutz der vier in Europa heimischen Geierarten
VDA: Verband Deutscher Vereine für Aquarien- und Terrarienkunde e. V.

VdZ: Verband der Zoologischen Gärten e. V.; Vereinigung wissenschaftlich geführter zoologischer Gärten im deutschsprachigen Raum
VZP: Verband Deutschsprachiger Zoopädagogen e.V.; Zusammenschluss von Zoopädagogen im deutschsprachigen Raum
WAZA: World Association of Zoos and Aquariums, internationaler Dachverband von Zoos und Aquarien weltweit
WWF: World Wildlife Fund For Nature, 1961 gegründete Stiftung, eine der größten internationalen Natur- und Umweltschutzorganisationen
ZIMS: Zoologisches Informations-Management-System; Software von Species360
ZGAP: Zoologische Gesellschaft für Arten- und Populationsschutz e. V.

Editorische Notiz

Die Gleichberechtigung aller Geschlechteridentitäten ist dem Autor und dem Allitera Verlag eine Selbstverständlichkeit. Es wird daher davon abgesehen, diese Haltung zu betonen und zugunsten des Leseflusses auf Mehrfachnennungen verzichtet, um einzelne Geschlechter anzusprechen. Mit der Verwendung des generischen Maskulinums als neutrale, klassische Schreibweise sind alle Identitäten gemeint.

Abbildungsnachweis

Abbildungen ohne Bildunterschriften:
S. 4–5: Asiatische Löwen © Thomas Hahn
S. 8–9: Blick ins Löwengehege © Ralph Sturm
S. 20: Kronenkranich © Zoologischer Garten Hof
S. 42: Im Manatihaus © Tom Burger
S. 84: Nördlicher Weißwangengibbon © Ralph Sturm
S. 112–113: Breitmaulnashorn mit Kalb © Zoo Augsburg
S. 144: Roter Panda © Maria Fencik
S. 188: Giraffe © Tom Burger

Sonstige:
Raimund di Benedetto: S. 83 oben
Anna Böhm: S. 65, 76, 77
Gemma Borrell: S. 153, 154, 161, 163, 165, 167, 187
Tom Burger: S. 26, 48–49, 51, 58, 68 (1–5), 71, 74, 80 unten, 82, 83 Mitte und unten, 193
Maria Fencik: S. 149, 160, 168, 181, 186 oben, 186 unten
Förderverein Botanischer Garten und Theresienstein Hof e. V.: S. 23, 37
Thomas Hahn: S. 5, 52, 59, 64, 68 unten rechts, 73, 75
Hans Helmreich: S. 11, 13, 33, 46–47, 54–55, 61, 62, 70, 80 oben, 81, 103, 118, 142 unten, 172, 190
Daniela Hierl: S. 184
Marc Müller: S. 19, 150, 152, 157, 162, 164, 169, 170, 173, 174, 178, 179, 183, 185 unten, 186 Mitte, 194, 196
Neumann&Kamp Historische Projekte Berlin: S. 14
PicturaPaedagogica: S: 17
Jan Saurer: S. 159, 185 oben
Monika Schneider-Stranninger: S. 90
Fred Schollhorn: S. 137
Marcel Stawinoga: S. 128, 129, 130
Ralph Sturm: S. 88–89, 91, 93, 94, 98, 105, 106, 107 alle, 108, 110–111, 198–199
Tiergarten Nürnberg: S. 45, 72
Tiergarten Straubing: S. 87, 97, 99, 101, 102, 104, 109, 122, 124–125, 126, 127
Tierpark Hellabrunn: S. 147, 156, 176, 180, 182
Waldrappteam Conservation and Research: S. 191
Richard Weiß: S. 132
Zoo Augsburg: S. 115, 116-117, 119, 120, 121, 131, 134, 135, 136, 139, 140–141, 142 oben, 143
Zoologischer Garten Hof: S. 25, 29, 30, 32, 34, 36, 38–41

Dank

Mein ganz besonderer Dank gebührt allen, die ich in diesem Buch vorstellen durfte und die mir mit großer Offenheit von ihren Erfahrungen und Einschätzungen berichtet und erzählt haben. Ohne sie wäre dieses Buch nie entstanden.

Ein Extra-Dank geht an Sophia Zimmerling, die mich ein Jahr lang geduldig durch das Unternehmen Hellabrunn navigiert hat.

Ganz herzlich bedanke ich mich beim ganzen Team des Münchner Allitera Verlags. Lisa Heller hat mich von der ersten Idee an begleitet und mich immer wieder bestärkt. Dietlind Pedarnig danke ich für das präzise Lektorat, Johanna Conrad für die ansprechende grafische Gestaltung und Vanessa von Proff für die engagierte Pressearbeit.

Eine kritische Auseinandersetzung zu Funktion und Bedeutung von Zoos in unserer Zeit ist notwendig. Ich hoffe, mit diesem Buch einen Beitrag zu einer differenzierten und vor allem sachlichen Diskussion geleistet zu haben. Deshalb danke ich allen Lesern, die sich für die Komplexität des Themas öffnen.

Lena Havek, Henny Schübel
Zwergenspuk im Zugspitzland
15 sagenhafte Familienausflüge

Raus aus der Stadt, hin zu vergessenen Kraft- und Geheimplätzen! Ohne Stau, ohne Eintrittspreise und für Groß und Klein. Uralte Sagen aus dem Zugspitz-Land werden verknüpft mit ihren Entstehungsorten und so direkt begehbar gemacht. Die hier vorgestellten Familienausflüge sind kraxentauglich, erfordern keine große Kondition und bieten jede Menge Unterhaltungspotenzial am Wegesrand. Das sozusagen »im Vorbeigehen« vermittelte Wissen kommt immer auch mit einem Augenzwinkern daher. Wohnt in der Loisach wirklich der grausige Bluatschink? Warum haben Zwerge eigentlich spitze Hüte auf? Und da, gleich hinter der nächsten Kurve, ist das nicht eine Irrwurzel?

204. S., Flexcover, ISBN 978-3-96233-269-3

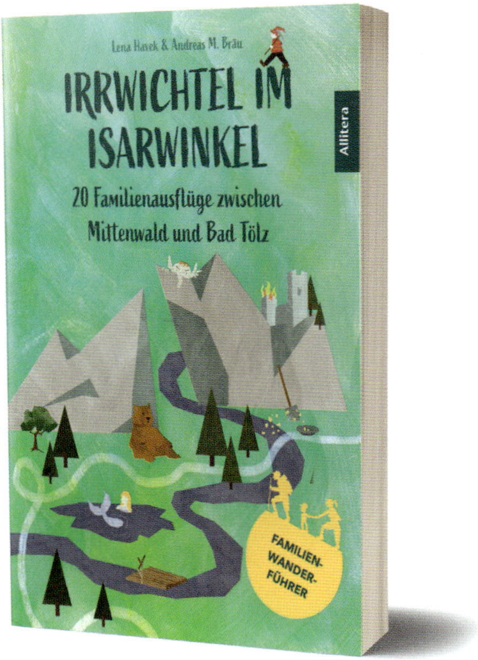

Lena Havek, Andreas M. Bräu
Irrwichtel im Isarwinkel
20 Familienausflüge zwischen
Mittenwald und Bad Tölz

Rucksack packen, Wanderstiefel an und los geht's hinein ins Abenteuer! Mit diesem Buch gibt es keine widerwilligen Wanderwichtel mehr – denn auf allen Touren durch den Isarwinkel werden wir von uralten Sagengestalten begleitet, die gehörigen Motivationsschub leisten. Muss man sich vor dem Angstloch wirklich fürchten? Was hilft gegen Wetterhexen? Was genau ist ein Tölzer Prügel? Wer hat die Lenggrieser Hohenburg angezündet? Und woher kommen eigentlich all diese Steinmanndl? Wir klettern durch Klammen, entdecken Bärenhöhlen, folgen Irrlichtern, suchen nach untoten Riesen und Goldquellen. Immer begleitet von der Isarnixe auf ihrem wilden Wasserweg von Tirol bis ins Tölzer Moor …

240 S., Flexcover, ISBN 978-3-96233-309-6

»Ein echter Glücksfall!«

Straubinger Tagblatt

Andreas M. Bräu
Bayerns Traditionen
Bräuche – Handwerk – Künste – Wissen
Unser immaterielles Kulturerbe

Stolze 69 Einträge sind in der Landesliste des immateriellen Kulturerbes für Bayern erfasst – so viele wie in keinem anderen Bundesland. Dies ist auf Grundlage eines UNESCO-Übereinkommens seit nunmehr zehn Jahren eine hohe Wertschätzung und Anerkennung für regional gelebte Bräuche und Feste, Handwerk, Musik, Tanz und Theater, mündlich Überliefertes oder das Wissen und die nachhaltige Pflege von Natur- und Lebensräumen.
Andreas M. Bräu hat diesem Schatz der Traditionen Bayerns humorvoll und informativ nachgespürt. Er stieg in den Karpfenteich, tanzte Zwiefachen, feierte Landshuter Hochzeit, Lindenkirchweih in Limmersdorf und Brunnenfest in Wunsiedel, stand an der Drehbank und am Sudkessel. Dabei lässt er vor allem auch die Menschen zu Wort kommen, die immaterielles Kulturerbe tagtäglich leben, gestalten, weiterentwickeln und an die nächste Generation weitergeben.

208 S., Paperback, ISBN 978-3-96233-395-9